模拟电子线路

吕 瑾 编著

国防工业出版社

·北京·

内 容 简 介

本书参照职业教育模拟电子线路教学大纲,以及工作岗位的任职及后续专业课程的需求,结合近几年职业教育的实际教学情况,按"以服务岗位为宗旨,以岗位任职需求为导向,以培养学生能力为本位"的职业教育办学指导思想编写而成。主要内容包括走进半导体世界、基本放大电路、多级放大电路、集成运算放大电路、放大电路中的反馈、功率放大电路、直流稳压电源。每章有问题引出、学习目标、思考、总结和适量习题,便于教学与自学。

图书在版编目(CIP)数据

模拟电子线路 / 吕瑾编著. —北京:国防工业出版社,2023.2
ISBN 978-7-118-12843-7

Ⅰ.①模… Ⅱ.①吕… Ⅲ.①模拟电路—电子技术—职业教育—教材 Ⅳ.①TN710

中国国家版本馆 CIP 数据核字(2023)第 030282 号

※

国防工业出版社出版发行
(北京市海淀区紫竹院南路 23 号 邮政编码 100048)
三河市天利华印刷装订有限公司印刷
新华书店经售

*

开本 787×1092 1/16 印张 12¼ 字数 234 千字
2023 年 2 月第 1 版第 1 次印刷 印数 1—2000 册 定价 39.00 元

(本书如有印装错误,我社负责调换)

国防书店:(010)88540777　　书店传真:(010)88540776
发行业务:(010)88540717　　发行传真:(010)88540762

前 言

电子技术已经从根本上改变了世界的面貌,新的科学技术或多或少都与电子技术有着密切的联系,电子技术已成为高新技术的核心与支柱,无论航空航天还是工农业,都离不开电子技术设备。"模拟电子线路"课程是电子技术设备的基础。

为了适应电子技术的发展和应用型人才培养的需求,根据模拟电子线路的基本要求和特点,作者在总结多年教学经验的基础上编写了本书。在编写过程中遵循岗位应用实践能力的培养目标,在内容组织上以"必需和够用"为原则,简化繁琐的器件内部工作机理分析、淡化电路理论分析,强化器件外部特性、电路的工程应用,体现应用性、工程性,同时注意将电路理论、分析方法等向其他学科延伸和渗透,为学生今后学习相关课程和自身发展打下坚实的理论基础。

本书在内容安排方面,借助绪论给出电子技术的概念和电子系统的整体框架,明确低频电子技术课程的特点和主要内容,让学生了解书中各章在电子电路和电子系统中的地位和作用。全书内容的组织顺序是器件、电路、系统,体现系统性、科学性。各章的开头均以问题的形式提出本章学习的主要内容,且在每章后面有小结,对本章的基本概念、基本知识、基本方法进行整理和总结,使学生明确本章内容的结构和脉络,便于识记和掌握。

本书配备了多种类型的例题和习题,例题是为了强化课程的重要知识点;习题为了巩固基本概念、基本知识、电路的主要分析方法而设置。习题在难度上有层次,并且有结合实际应用的习题,以便开拓视野,理论和实用技术相结合。

本书由吕瑾编著。在此,向所有关心、支持的同仁表示最诚挚的感谢!由于编者水平有限,书中难免有不妥之处,恳请批评指正!

吕瑾
2023 年 2 月

目 录

绪 论 ……………………………………………………………………………… 1

第一章 走进半导体世界 …………………………………………………… 4

第一节 半导体的基本知识 …………………………………………… 4

第二节 晶体二极管 …………………………………………………… 12

第三节 特殊二极管 …………………………………………………… 16

第四节 晶体三极管 …………………………………………………… 21

第五节 晶闸管（拓展知识） ………………………………………… 31

本章小结 ………………………………………………………………… 34

习题一 …………………………………………………………………… 35

第二章 基本放大电路 ……………………………………………………… 41

第一节 放大的概念和放大电路的主要性能指标 …………………… 41

第二节 共射放大电路 ………………………………………………… 44

第三节 放大电路的分析方法 ………………………………………… 49

第四节 放大电路静态工作点的稳定 ………………………………… 59

第五节 共集放大电路 ………………………………………………… 67

第六节 共基放大电路 ………………………………………………… 70

本章小结 ………………………………………………………………… 71

习题二 …………………………………………………………………… 72

第三章 多级放大电路 ……………………………………………………… 77

第一节 多级放大电路的耦合方式和动态放大 ……………………… 77

第二节 直接耦合放大电路 …………………………………………… 83

V

本章小结 …… 91
习题三 …… 92

第四章 集成运算放大电路 …… 95

第一节 集成运算放大电路概述 …… 95
第二节 集成运算放大电路中的电流源电路 …… 102
第三节 集成运算放大电路的种类及使用 …… 107
本章小结 …… 112
习题四 …… 112

第五章 放大电路中的反馈 …… 116

第一节 反馈的基本概念 …… 116
第二节 反馈的类型及判断 …… 123
第三节 负反馈对放大电路性能的影响 …… 132
本章小结 …… 140
习题五 …… 141

第六章 功率放大电路 …… 146

第一节 功率放大电路的特点 …… 146
第二节 互补功率放大电路 …… 150
本章小结 …… 157
习题六 …… 158

第七章 直流稳压电源 …… 164

第一节 直流电源的组成及各部分的作用 …… 164
第二节 整流电路 …… 167
第三节 单相可控整流电路（拓展） …… 175
第四节 滤波电路 …… 177
第五节 稳压电路 …… 181
第六节 集成稳压器 …… 184
本章小结 …… 187
习题七 …… 188

绪 论

电子技术经过100多年的发展历程,应用十分广泛,电子技术从根本上改变了世界的面貌,一切新的科学技术或多或少都与电子技术有着非常密切的联系,特别是以微电子技术为基础的信息技术(包括通信技术、自动化技术、光电技术、光导技术、计算机技术和人工智能技术等),在人类社会走向信息化时代的今天,正发挥着越来越重要的作用。尽管数字化革命的浪潮一浪高过一浪,推动着科学技术的发展和进步,但是模拟体制和数字体制并存的局面仍将继续下去。因为大部分信号源(如音频、视频信号)通常是与某些热物理量对应的模拟量,如正弦信号、电视图像信号,或者温度、压力等,它们在数值上是连续的,不可能得到像二进制数字量"1"或"0",它们在数值上是离散的。然而,科学的发展证明数字体制较之模拟体制有两方面的特性:一是数字信号易于在网络中处理、复用和交换;二是任何种类的模拟信号都可以数字化(即变换为数字信号)并在同一网络中传送,从而用二进制数字信息实现全部信息的归一化。借助于模/数(A/D)、数/模(D/A)变换可以方便地进行模拟信息和数字信息的相互转换。

电子线路按照其处理信号的不同分为模拟电子线路和数字电子线路两大部分。所谓模拟电子线路是研究在模拟信号(指随时间连续变化的电压或电流)下工作的电子电路;而数字电子线路是研究在数字技术(指随时间不连续的电压或电流)下工作的电子电路。模拟电子线路主要研究模拟信号的放大、产生和处理等。

模拟电子线路和数字电子线路这两大部分是互相联系的,例如,模拟电子线路和数字电子线路的基本组成元件都是半导体二极管、三极管和场效应管(无论是分立元件或集成电路)。但是,二者之间又有区别,主要在工作信号、三极管的作用和分析方法等方面有所不同,模拟电子线路和数字电子线路的主要区别可用以下简表来说明:

		模拟电子线路	数字电子线路
工作信号		模拟量（连续的）	数字量（离散的）
电路功能		实现模拟信号的放大、产生和处理	在输入、输出的数字量之间实现一定的逻辑关系
二极管	作用	放大元件	开关元件
	工作状态	主要工作在放大区	主要工作在截止区和饱和区
主要分析方法		图解法、微变等效电路法	逻辑代数、真值表、卡诺图、状态图等

"模拟电子线路"这门课程在介绍常用半导体器件基本原理和特性的基础上，着重研究模拟电子线路的基本概念、基本原理和基本分析方法，使学习者获得从事与模拟电子线路相关专业所必需的理论知识和实际技能，并培养分析问题和解决问题的能力，为学习有关后续课程以及为模拟电子线路在专业中的应用打好基础。本书主要讲述模拟电子线路中最初步、最根本、最具共性的内容，着重抓适合电类专门人材的"三基"训练，而不是面面俱到地讨论电子技术的各个方面。概括地说，基本概念主要是指在学习"电工基础"课程的基础上，掌握模拟电子线路中放大、反馈、整流与稳压、电子器件的非线性、交直流共存等特有的概念，为分析模拟电子线路打下必要的基础；基本原理方面要求了解基本电子器件的特性，以及如何将其应用到电路中（不深入讨论内部的物理过程及生产工艺），掌握基本模拟电子线路的性能特点和应用；基本分析方法是指熟练掌握图解法和微变等效电路法等，具有一定的模拟电子线路定性分析和定量估算能力。学生学习电子测试技术，可逐步培养电子电路的读图能力和动手能力。

关于器件、电路、应用三者之间的关系，则是管、路、用结合，管为路用，以路为主。对于电子器件，包括集成组件，重点在于了解它们的外部特性和在电路中如何应用，不深入讨论内部微观的物理过程及生产工艺等。

就分立电路与集成电路的关系来说，分立是基础，集成是重点，分立为集成服务，以适应当前电子技术的发展趋向。需要指出，这里所讲的"集成"，是指包括具有集成组件的电路和系统，而不仅仅指集成组件本身。

本书从体系结构上看，由电子器件和电子电路两部分所组成，分为 7 章。研究的主要内容有：

（1）基本电子器件——半导体器件（晶体二极管、三极管、场效应管和集成组件）的工作原理、特性曲线和主要参数。

（2）基本单管放大器——共射、共集、共基三种组态基本放大器的电路组成、工作原理和性能特点。

（3）基本单元电路（包括分立元件单元电路和集成单元电路）——小信号电压放大器、大信号功率放大器、负反馈放大器、差动放大器、集成运算放大器、场效应放大器、正弦波振荡器、直流稳压电源等各功能电路特点、工作原理、性能指标。

（4）基本分析方法——图解分析法和微变等效电路法。

此外，在第四章还对模拟电子线路设备读图的一般方法和步骤进行了介绍。

"模拟电子线路"是一门内容更新、发展较快、应用广泛的学科，新的器件、新的应用电路层出不穷，因而内容庞杂。不仅器件种类多、电路形式多，而且概念方法多。"模拟电子线路"课程的重点在于：基本模拟电子电路（包括基本放大器和基本单元电路）的工作原理，因为它们是组成其他复杂电路的基础；模拟电子线路的分析方法，主要是图解法和微变等效电路法。此外，在课程中还要在可能的情况下介绍一些新的器件和电路，为今后设备的更新以及进一步学习和应用电子技术打下基础。

第一章 走进半导体世界

本章问题提要

1. 半导体的物理特性有哪些？
2. 什么是PN结？PN结有哪些特性？
3. 二极管的工作特性是什么？二极管的主要用途是什么？
4. 双极型三极管为什么能放大？它的结构特点是什么？电流分配关系如何？它通过什么方式来控制集电极电流？

自半导体器件问世以来，电子技术的发展极为迅速。由于半导体器件具有体积小、重量轻、耗电少、寿命长、工作可靠等一系列优点，因而利用半导体器件制作的各种电子电路早已应用于现代生产和科技领域的各个方面。

本章主要介绍三种在电子电路中常用的半导体器件：晶体二极管、晶体三极管和晶闸管。

第一节 半导体的基本知识

相关知识

自然界中的物体，按照它们的导电能力来分，大体上可以分为导体、半导体和绝缘体三大类。这里主要介绍半导体。顾名思义，半导体是一种导电能力介于导体和绝缘体之间的物质，电阻率通常在 $10^{-3} \sim 10^9 \Omega \cdot cm$。半导体之所以得到广泛应用，是因为它的导电能力受掺杂、温度和光照的影响十分显著。如纯净的半导体单晶硅在室温下的电阻率约为 $2.14 \times 10^3 \Omega \cdot cm$，若按百万分之一的比例掺入少量杂质（如磷），则其电阻率急剧下降为 $2 \times 10^{-3} \Omega \cdot cm$，几乎降至一百

万分之一。半导体具有这种性能的根本原因在于半导体原子结构的特殊性。

一、本征半导体

常用的半导体材料是单晶硅(Si)和单晶锗(Ge)。所谓单晶体,是指整块晶体中的原子按一定规则整齐地排列着的晶体。非常纯净的单晶半导体称为本征半导体。

1. 本征半导体的原子结构

半导体锗和硅都是四价元素,其原子结构示意图如图1.1.1所示。它们的最外层都有4个电子,带4个单位负电荷。通常把原子核和内层电子看作一个整体,称为惯性核。惯性核带有4个单位正电荷,最外层有4个价电子带有4个单位负电荷,因此,整个原子为电中性。

2. 本征激发

在本征半导体的晶体结构中,每个原子都与相邻的4个原子结合。每一个原子的价电子与另一个原子的一个价电子组成一个电子对。这对价电子是每两个相邻原子共有的,它们把相邻原子结合在一起,构成所谓共价键的结构,如图1.1.2所示。

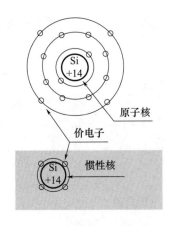

图1.1.1 硅原子的简化模型

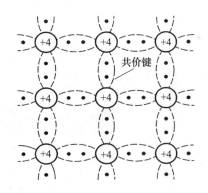

图1.1.2 本征半导体结构示意图

一般来说,共价键中的价电子不完全像绝缘体中价电子所受束缚那样强,如果能从外界获得一定的能量(如光照、升温、电磁场激发等),一些价电子就可能挣脱共价键的束缚而成为自由电子,将这种物理现象称作为本征激发。

理论和实验表明:在常温($T=300K$)下,硅共价键中的价电子只要获得大于电离能 E_G($=1.1eV$)的能量便可激发成为自由电子。本征锗的电离能更小,只有 $0.72eV$。

当共价键中的一个价电子受激发挣脱原子核的束缚成为自由电子的同

时,在共价键中便留下了一个空位子,称为"空穴"。当空穴出现时,相邻原子的价电子比较容易离开它所在的共价键而填补到这个空穴中,使该价电子原来所在的共价键中出现一个新的空穴,这个空穴又可能被相邻原子的价电子填补,再出现新的空穴。价电子填补空穴的这种运动无论在形式上还是效果上都相当于带正电荷的空穴在运动,且运动方向与价电子运动方向相反。为了区别于自由电子的运动,把这种运动称为空穴运动,并把空穴看成带正电荷的载流子。

在本征半导体内部自由电子与空穴总是成对出现的,因此将它们称作为电子-空穴对。当自由电子在运动过程中遇到空穴时可能会填充进去从而恢复一个共价键,与此同时消失一个"电子-空穴"对,这一相反过程称为复合。

在一定温度条件下,产生的"电子-空穴对"和复合的"电子-空穴对"数量相等时,相对平衡,这种相对平衡属于动态平衡,达到动态平衡时,"电子-空穴对"维持一定的数目,如图1.1.3所示。

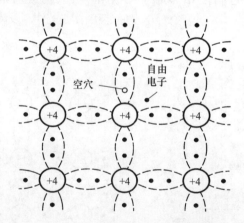

图1.1.3 本征半导体的自由电子和空穴

可见,在半导体中存在着自由电子和空穴两种载流子,而金属导体中只有自由电子一种载流子,这也是半导体与导体导电方式的不同之处。

本征半导体的导电能力很弱,热稳定性也很差,但由于其导电能力随着温度的变化、光照的变化和掺入杂质的多少而显著地变化,因为本征半导体具有这样一些独特的导电特性,所以同样受到了人们的重视。晶体二极管、晶体三极管等电子器件就是利用杂质半导体材料制造的。

二、杂质半导体

在纯净半导体中掺入一定量的杂质,所形成的半导体就成了杂质半导体,根据其掺入杂质的不同,可将杂质半导体分为 N 型半导体和 P 型半导体两类。

1. N 型半导体

在本征半导体中掺入五价元素磷(P)等得到的半导体,称为 N 型半导体,也称电子型半导体,如图 1.1.4 所示。

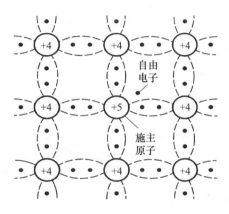

图 1.1.4 N 型半导体结构图

因五价杂质原子中只有四个价电子能与周围四个半导体原子中的价电子形成共价键,而多余的一个价电子因无共价键束缚而很容易形成自由电子。提供自由电子的五价杂质原子因带正电荷而成为正离子,因此五价杂质原子也称为施主杂质。

如图 1.1.4 所示,分析 N 型半导体的内部构造情况可知:N 型半导体中的载流子有两种,一种是自由电子,数量多,称为"多子";另一种是空穴,数量少,称为"少子"。

2. P 型半导体

在纯净半导体中掺入三价元素硼(B)等得到的半导体,称为 P 型半导体,也称为空穴型半导体,如图 1.1.5 所示。

因三价杂质原子在与硅原子形成共价键时,缺少一个价电子而在共价键中留下一空穴。P 型半导体中空穴是多数载流子,主要由掺杂形成;电子是少数载流子,由热激发形成。空穴很容易俘获电子,使杂质原子成为负离子,因此三价杂质也称为受主杂质。

分析 P 型半导体的内部构造情况可知:P 型半导体中的载流子有两种,一种是自由电子,数量少,称为"少子";另一种是空穴,数量多,称为"多子"。

掺入杂质对本征半导体的导电性有很大的影响,例如:在 $T=300K$ 室温下,本征硅的电子和空穴浓度为 $n=p=1.4\times10^{10}/cm^3$,本征硅的原子浓度为 $4.96\times10^{22}/cm^3$。掺杂后,N 型半导体中的自由电子浓度为 $n=5\times10^{16}/cm^3$。

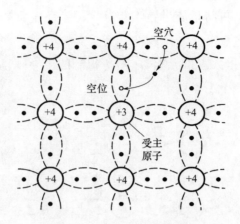

图 1.1.5 P 型半导体结构图

以上分别介绍了 N 型半导体和 P 型半导体,若将 N 型半导体和 P 型半导体结合在一起会发生什么现象呢?

采用不同的掺杂工艺,将 P 型半导体与 N 型半导体制作在同一块硅片上,在它们的交界面会形成 PN 结。

三、PN 结及其特性

PN 结是构成各种半导体器件的核心。许多半导体器件都是由不同数量的 PN 结构成的,所以 PN 结的理论是半导体器件的基础。

1. PN 结的形成

在一块完整的硅片上,用不同的掺杂工艺使其一边形成 N 型半导体,另一边形成 P 型半导体,那么在两种半导体交界面附近就形成了 PN 结,如图 1.1.6 所示。由于 P 区的多数载流子是空穴,少数载流子是电子,而 N 区多数载流子是电子,少数载流子是空穴,因此交界面两侧明显地存在着两种载流子的浓度差。N 区的电子必然越过界面向 P 区扩散,并与 P 区界面附近的空穴复合而消失,在 N 区的一侧留下了一层不能移动的施主正离子;同样,P 区的空穴也越过界面向 N 区扩散,与 N 区界面附近的电子复合而消失,在 P 区的一侧留下一层不能移动的受主负离子。扩散的结果是交界面两侧出现了由不能移动的带电离子组成的空间电荷区,形成了一个由 N 区指向 P 区的电场,称为内电场。随着扩散的进行,空间电荷区加宽,内电场增强,由于内电场的作用是阻碍多子扩散,促使少子漂移,因此,当扩散运动与漂移运动达到动态平衡时,将形成稳定的空间电荷区,称为 PN 结。由于空间电荷区内缺少载流子,所以 PN 结又称为耗尽层或高阻区。

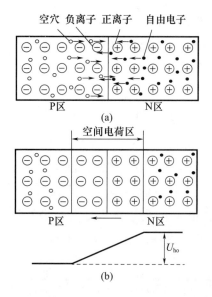

图 1.1.6 PN 结的形成

2. PN 结的单向导电性

如果在 PN 结的两端外加电压,则会破坏原来的平衡状态。此时,扩散电流不再等于漂移电流,因而 PN 结将有电流流过。当外加电压的极性不同时,PN 结表现出截然不同的导电性,即呈现单向导电性。

(1) PN 结外加正向电压时处于导通状态。当电源的正极(或正极串联电阻后)接到 PN 结的 P 端,且电源的负极(或负极串联电阻后)接到 PN 结的 N 端时,称 PN 结外加正向电压,也称正向接法或正向偏置,如图 1.1.7 所示。此时,外加的正向电压有一部分降落在 PN 结区,方向与 PN 结内电场方向相反,外电场将多数载流子推向空间电荷区,使其变窄,削弱了内电场,破坏了原来的平衡,使扩散运动加剧,漂移运动减弱。由于电源的作用,扩散运动将源源不断地进行,从而形成正向电流,PN 结呈现低阻性,PN 结导通。

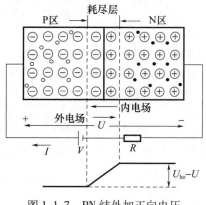

图 1.1.7 PN 结外加正向电压

注意：PN结导通时的结电压降只有零点几伏,因而应在它所在的回路串联一个电阻,以限制回路的电流,防止PN结因正向电流过大而损坏。

（2）PN结外加反向电压时处于截止状态。当电源的正极（或正极串联电阻后）接到PN结的N端,且电源的负极（或负极串联电阻后）接到PN结的P端时,称PN结外加反向电压,也称反向接法或反向偏置,如图1.1.8所示。此时,外加的反向电压有一部分降落在PN结区,方向与PN结内电场方向相同,外电场使空间电荷区变宽,加强了内电场,阻止扩散运动的进行,加剧漂移运动的进行,形成反向电流,也称为漂移电流。因为少子数目极少,即使所有的少子都参与漂移运动,反向电流也非常小,所以在近似分析中常将它忽略不计,PN结呈现高阻性,认为PN结外加反向电压时处于截止状态。

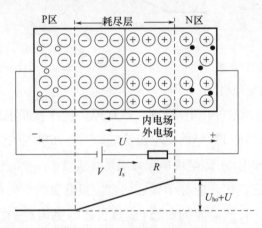

图1.1.8　PN结外加反向电压

注意：当给PN结外加的反向电压超过一定的限度时,反向电流急剧增大,这种现象叫作PN结的反向击穿。

在一定的温度条件下,由本征激发决定的少子浓度是一定的,故少子形成的漂移电流是恒定的,基本上与所加反向电压的大小无关,这个电流也称为反向饱和电流。

3. PN结的电容效应

PN结具有一定的电容效应,它由两方面的因素决定：一是势垒电容 C_B；二是扩散电容 C_D。

（1）势垒电容 C_B。势垒电容是由空间电荷区的离子薄层形成的。当外加电压使PN结上的压降发生变化时,离子薄层的厚度也相应地随之改变,这相当于PN结中存储的电荷量也随之变化,犹如电容的充放电。势垒电容的示意如图1.1.9所示。

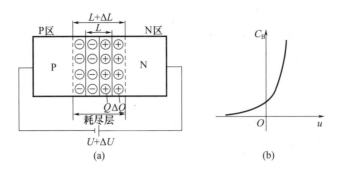

图 1.1.9　势垒电容示意图

（2）扩散电容 C_D。扩散电容是多子扩散后在 PN 结的另一侧面积累而形成的。PN 结正偏时，由 N 区扩散到 P 区的电子与外电源提供的空穴相复合，形成正向电流。刚扩散过来的电子就堆积在 P 区内紧靠 PN 结的附近，形成一定的多子浓度梯度分布曲线；反之，由 P 区扩散到 N 区的空穴，在 N 区内也形成类似的浓度梯度分布曲线。扩散电容的示意如图 1.1.10 所示。

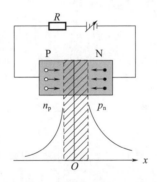

图 1.1.10　扩散电容示意图

当外加正向电压不同时，扩散电流即外电路电流的大小不同，所以 PN 结两侧堆积的多子浓度梯度分布也不同，这相当于电容的充放电过程。势垒电容和扩散电容均是非线性电容。

将 P 型半导体和 N 型半导体利用特殊工艺结合在一起，在它们的交界处就会形成一个很薄的区域，这个区域就叫 PN 结。给 PN 结外加电压时可以发现，在 P 型半导体一侧加高电位、N 型半导体一侧加低电位时有电流通过 PN 结；反之，通过 PN 结的电流很小，几乎为零，这说明 PN 结具有单向导电的特性。

1. N 型半导体电子多于空穴，P 型半导体空穴多于电子，是否可以理解为 N

型半导体带负电、P 型半导体带正电？

2. 流过 PN 结的正、反向电流各与什么因素有关？

3. 什么是 PN 结的反向击穿现象？击穿是否意味着 PN 结损坏？

第二节　晶体二极管

相关知识

晶体二极管又叫半导体二极管，简称二极管，其最基本的特性是单向导电性，主要应用在检波、整流、限幅和开关等电子线路中。本节学习晶体二极管的结构和主要参数。

一、二极管的结构及电路符号

图 1.2.1 给出一些常见二极管的外形，由图可以看出，不同类型的二极管外形差别很大。

图 1.2.1　二极管的几种常见外形

但从结构上看，如图 1.2.2 所示，二极管实际上就是在一个 PN 结（管芯）的外面装上管壳，引出两根电极形成的。图 1.2.3 所示是二极管的电路符号，由 P 型半导体一侧引出的电极为二极管的正极，由 N 型半导体一侧引出的电极为二极管的负极。二极管常用文字符号 VD 表示。

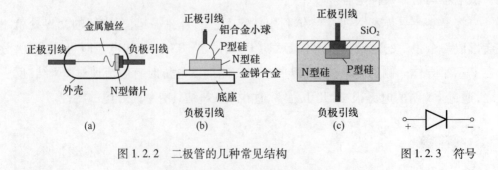

图 1.2.2　二极管的几种常见结构　　　图 1.2.3　符号

二极管的种类很多,按照制造材料可分为硅二极管和锗二极管,按照二极管 PN 结(管芯)的结构可分为点接触型、面接触型和平面型,按用途又可分为普通二极管、整流二极管、检波二极管、稳压二极管、开关二极管、变容二极管、光电二极管等。

点接触型:适用于工作电流小、工作频率高的场合,如图 1.2.2(a)所示。

面接触型:适用于工作电流较大、工作频率较低的场合,如图 1.2.2(b)所示。

平面型:适用于工作电流大、功率大、工作频率低的场合,如图 1.2.2(c)所示。

二、二极管的伏安特性

加在二极管两端的电压与流过二极管的电流之间的关系称为二极管的伏安特性,通过对二极管的实际测试可以得到二极管的伏安特性。图 1.2.4 所示是硅二极管和锗二极管的伏安特性曲线。观察二极管的伏安特性曲线可以发现以下特点。

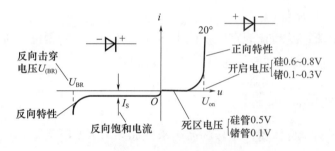

图 1.2.4 二极管伏安特性曲线

1. 正向特性

当正向电压很小时,正向电流几乎为零,通常称这个区域为死区。死区对应的电压称为死区电压,只有当正向电压超过死区电压时,才有明显的正向电流,这一电压称为二极管的导通电压。锗管的导通电压为 0.1~0.3V,通常取 0.2V,硅管的导通电压为 0.6~0.8V,通常取 0.7V。在实际应用中近似认为,当正向电压小于导通电压时,二极管电流为零,不导通。

正向电压大于导通电压后,正向电流开始明显增加,而且随着正向电压的加大,电流增加很快,此时二极管的电阻很小,进入导通状态。

2. 反向特性

当二极管两端加反向电压时,反向电流很小,此时二极管的反向电阻很大,可以认为二极管是开路的,或说二极管不导通。当二极管反向电压大于一定的数值时,反向电流突然急剧增加,称为二极管击穿。二极管反向击穿电压一般为几十伏甚至更高,普通二极管是不允许击穿的。

分析二极管的伏安特性后不难发现,加正向电压时二极管导通,加反向电压时二极管不导通(截止),这就是二极管的基本特性,即单向导电性。

三、二极管的主要参数

二极管的参数是正确使用二极管的依据,各种二极管的参数由制造厂家给出。二极管的主要参数如下。

1. 最大整流电流 I_F

在一定温度下,二极管长期工作时允许流过的最大正向电流的平均值为最大整流电流(I_F)。使用时若超过此值,二极管内的 PN 结会因为过度发热而损坏。

2. 最高反向工作电压 U_{RM}

最高反向工作电压(U_{RM})指正常使用时允许加在二极管两端的最大反向电压。为了确保二极管安全工作,通常取二极管反向击穿电压的一半作为 U_{RM}。

3. 反向漏电流 I_R

反向漏电流(I_R)指在规定的反向电压和环境温度下测得的二极管反向电流值。反向电流值越小,二极管的单向导电性就越好。

四、半导体二极管的型号

国家标准对半导体器件型号的命名举例如图 1.2.5 所示。

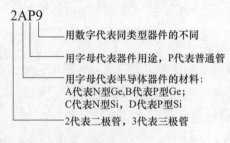

图 1.2.5

五、普通二极管的应用

在工程应用中往往需要将正弦交流电压变为脉动直流电压,称为整流;在通信技术中需要从调幅信号中取出音频信号,称为检波。这些任务都可以交给普通二极管,利用普通二极管单向导电的特性可以轻而易举地完成任务,具体电路在相关内容中介绍。

【**例 1.2.1**】如图 1.2.6 所示,用万用表直流电压挡测某电路中四只二极管的正负极对地电位(参考点电位),试判别这四只二极管的导通情况。

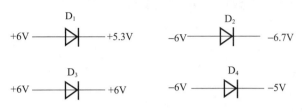

图 1.2.6

解:根据二极管导通条件 $U \geq U_{on}$,得 D_1、D_2 管导通,D_1、D_2 管截止。

【**例 1.2.2**】电路如图 1.2.7 所示,已知 $u_i = 10\sin\omega t(v)$,二极管导通电压 $U_D = 0.7V$,试画出 u_i 与 u_o 的波形。设二极管正向导通电压可忽略不计。

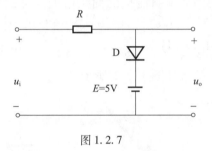

图 1.2.7

解:根据二极管特性,u_i 与 u_o 的波形如图 1.2.8 所示。

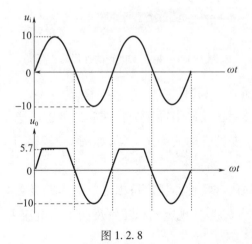

图 1.2.8

想一想

二极管与 PN 结有什么相同之处和不同之处?

第三节 特殊二极管

相关知识

除普通二极管外,还有多种特殊二极管,如稳压二极管、发光二极管和光敏二极管等。

一、稳压二极管

稳压二极管是一种用硅材料制成的面接触型晶体二极管,简称稳压管。稳压管在反向击穿时,在一定的电流范围内(或者说在一定的功率损耗范围内),端电压几乎不变,表现出稳压特性,因而广泛用于稳压电源与限幅电路之中。常见的稳压二极管外形与符号如图 1.3.1 所示。

图 1.3.1 稳压二极管的外形与符号

1. 稳压二极管的伏安特性

稳压二极管是应用在反向击穿区的特殊硅二极管。稳压二极管的伏安特性曲线与硅二极管的伏安特性曲线完全一样,如图 1.3.2 所示。

2. 稳压二极管的主要参数

从稳压二极管的伏安特性曲线上可以确定稳压二极管的参数。

(1)稳定电压 U_Z:U_Z 是在规定的稳压管反向工作电流 I_Z 下,所对应的反向工作电压。

(2)动态电阻 r_Z:其概念与一般二极管的动态电阻相同,只不过稳压二极管的动态电阻是从它的反向特性上求取的。R_Z 越小,反映稳压管的击穿特性曲线越陡。

$$r_Z = \Delta U_Z / \Delta I_Z$$

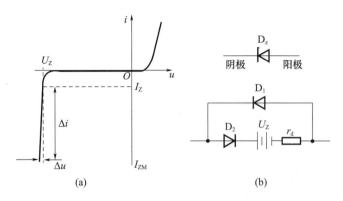

图 1.3.2 稳压二极管伏安特性曲线和电路符号

(3) 最大耗散功率 P_{ZM}：P_{ZM} 是稳压管的最大功率损耗取决于 PN 结的面积和散热等条件。反向工作时，PN 结的功率损耗为 $P_Z = U_Z I_Z$，由 P_{ZM} 和 U_Z 可确定 I_{Zmax}。

(4) 最大稳定工作电流 I_{Zmax} 和最小稳定工作电流 I_{Zmin} 稳压管的最大稳定工作电流取决于最大耗散功率，即 $P_{Zmax} = U_Z I_{Zmax}$。而 I_{Zmin} 对应 U_{Zmin}。若 $I_Z < I_{Zmin}$，则不能稳压。

(5) 稳定电压温度系数 α：α 表示温度的变化将使 U_Z 改变。在稳压管中，当 $|U_Z| > 7V$ 时，V_Z 具有正温度系数，反向击穿是雪崩击穿。当 $|U_Z| < 4V$ 时，U_Z 具有负温度系数，反向击穿是齐纳击穿；当 $4V < |U_Z| < 7V$ 时，稳压管可以获得接近零的温度系数，这样的稳压二极管可以作为标准稳压管使用。

3. 使用稳压二极管时的注意事项

(1) 工程上使用的稳压二极管无一例外都是硅管。

(2) 连接电路时应反接。

(3) 稳压管需串入一只电阻。该电阻的作用：一是限流，以保护稳压管；二是当输入电压或负载电流变化时，通过该电阻上压降的变化取出误差信号，以调节稳压管的工作电流，从而起到稳压作用。

【例1】图 1.3.3 所示电路中，稳压管 D_{Z1} 和 D_{Z2} 的稳定电压分别为 7V 和 13V，稳定电流是 5mA，求电路中的输出电压。

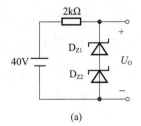
(a)

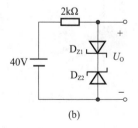
(b)

图 1.3.3

解:在图 1.3.3(a)中,经判断确定 D_{Z1}、D_{Z2} 均工作在稳压状态,所以

$$U_O = U_{Z1} + U_{Z2} = 7 + 13 = 20V$$

在图 1.3.3(b)中,经判断确定 D_{Z1} 正向导通,D_{Z2} 处于稳压状态,所以

$$U_O = U_{on1} + U_{Z2} = 0.7 + 13 = 13.7V$$

答:图 1.3.3(a)电路中输出电压为 20V,图 1.3.3(b)电路中输出电压为 13.7V。

二、发光二极管

发光二极管是一种能直接把电能转变为光能的半导体器件,与其他发光器件相比,具有体积小、功耗低、发光均匀、稳定、响应速度快、寿命长和可靠性高等优点,被广泛应用于各种电子仪器、音响设备、计算机等,进行电流指示、音频指示和信息状态显示等。近年,一种超高亮度的白色发光二极管已广泛应用在照明技术中。

1. 发光原理

发光二极管的管芯结构与普通二极管相似,由一个 PN 结构成。当在发光二极管 PN 结上加正向电压时,空间电荷层变窄,载流子扩散运动大于漂移运动,致使 P 区的空穴注入 N 区,N 区的电子注入 P 区。当电子和空穴复合时,会释放出能量并以发光的形式表现出来。

2. 种类和符号

发光二极管的种类很多,按发光材料可分为磷化镓(GaP)发光二极管、磷砷化镓(GaAsP)发光二极管、砷铝镓(GaAlAs)发光二极管等;按发光颜色可分为红光、黄光、绿光以及眼睛看不见的红外发光二极管;按功率可分为小功率(HG400 系列)、中功率(HG50 系列)和大功率(HG52 系列)发光二极管;另外还有多色、变色发光二极管等。

发光二极管和在电路中的符号,以及电源指示灯电路,如图 1.3.4 所示。

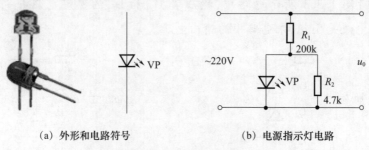

(a) 外形和电路符号 (b) 电源指示灯电路

图 1.3.4 发光二极管

小功率的发光二极管正常工作电流在 10~30mA。通常正向压降值在 1.5~3V。发光二极管的反向耐压一般在 6V 左右。

发光二极管的伏安特性与整流二极管相似。为了避免由于电源波动引起正向电流值超过最大允许工作电流而导致管子烧坏,通常应串联一个限流电阻来限制流过二极管的电流。由于发光二极管最大允许工作电流随环境温度的升高而降低,因此,发光二极管不宜在高温环境中使用。

发光二极管的反向耐压(即反向击穿电压)值比普通二极管小,所以使用时,为了防止击穿造成发光二极管不发光,在电路中要加接二极管来保护。

三、光电二极管

光电二极管又称光敏二极管,它是光电转换半导体器件,与光敏电阻器相比,具有灵敏度高、高频性能好、可靠性好、体积小、使用方便等优点。

1. 结构特点与符号

光电二极管和普通二极管相比,虽然都属于单向导电的非线性半导体器件,但在结构上有其特殊的地方,它的反向电流随光照强度的增强而上升,在管壳上有一个玻璃窗口以便于接受光照。图 1.3.5 给出了光电二极管的外形图和电路符号。光敏二极管使用时要反向接入电路中,即正极接电源负极,负极接电源正极。

(a) 外形　　　　　　　(b) 符号

图 1.3.5　光电二极管外形和电路符号

2. 光电转换原理

根据 PN 结反向特性可知,在一定反向电压范围内,反向电流很小且处于饱和状态。此时,如果无光照射 PN 结,则因本征激发产生的电子-空穴对数量有限,反向饱和电流保持不变,在光敏二极管中称为暗电流。当有光照射 PN 结时,结内将产生附加的大量电子-空穴对,称为光生载流子,使流过 PN 结的电流随着光照强度的增加而剧增,此时的反向电流称为光电流。不同波长的光(蓝光、红光、红外光)在光敏二极管的不同区域被吸收形成光电流。被表面 P 型扩散层所吸收的主要是波长较短的蓝光,在这一区域,因光照产生的光生载流子(电子)一旦漂移到耗尽层界面,就会在结电场作用下被拉向 N 区,形成部分光电流;波长较长的红光,将透过 P 型层在耗尽层激发出电子-空穴对,这些新生的电子和空穴载流子也会在结电场作用下分别到达 N 区和 P 区,形成光电流。波长更长的红外光,将透过 P 型层和耗尽层,直接被 N 区吸收。在 N 区内因光照产生的光生载流子(空穴)一旦漂移到耗尽区界面,就会在结电场作用下被拉向 P 区,形成光电流。因此,光照射时,流过 PN 结的光电流是三部分光电流之和。

光电二极管可用作光的测量。当制成大面积的光电二极管时,可以把光能转变为电能,这实际上就是半导体太阳能电池板,图 1.3.6 所示是利用太阳能电池板照明的手电筒。

图 1.3.6 太阳能手电筒

【例2】电路如图 1.3.7 所示,已知发光二极管的导通电压 $U_D = 1.6V$,正向电流在 5~20mA 范围内才能发光。试问:

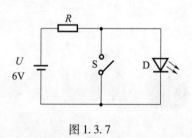

图 1.3.7

(1) 开关处于何种位置时发光二极管能发光?
(2) 为使发光二极管发光,电路中 R 的取值范围为多少?

解:(1) 当开关断开时发光二极管有可能发光。当开关闭合时,发光二极管的端电压为零,不可能发光。

(2) 因为 $I_{Dmin} = 5mA, I_{Dmax} = 20mA$,所以

$$R_{max} = \frac{U - U_D}{I_{Dmin}} = \frac{6 - 1.64}{5} \approx 0.88k\Omega$$

$$R_{mix} = \frac{U - U_D}{I_{Dmax}} = \frac{6 - 1.64}{20} \approx 0.22k\Omega$$

R 的取值范围是 220~880Ω。

1. 为什么稳压管的动态电阻越小,稳压越好?
2. 利用稳压管或普通二极管的正向压降,是否可以稳压?

第四节 晶体三极管

半导体三极管又称晶体三极管,简称晶体管或三极管。在三极管内有两种载流子——电子与空穴,它们同时参与导电,故晶体三极管又称为双极型三极管(Bipolar Junction Transistor,BJT)。它的基本功能是放大电流。

一、三极管的结构及类型

图 1.4.1 所示是常见三极管的外形。

图 1.4.1 常见三极管的外形图

可以看出,不同的三极管外形差别很大,但从结构上看,三极管都是由两个背靠背相互影响的 PN 结结合而成的。图 1.4.2(a)所示,三极管是由两块 N 型半导体和一块 P 型半导体组成的,称为 NPN 型三极管。图 1.4.2(b)所示,三极管是由两块 P 型半导体和一块 N 型半导体组成的,称为 PNP 型三极管。三极管有发射区、基区和集电区三个区,各自引出一个电极,分别称为发射极 E(e)、基极 B(b)和集电极 C(c)。每个三极管内部有两个 PN 结:发射区和基区之间的 PN 结称为发射结;集电区和基区之间的 PN 结称为集电结。三极管常用符号 VT 表示。

双极型三极管的符号如图 1.4.3 所示。发射极的箭头代表发射极电流的实际方向。

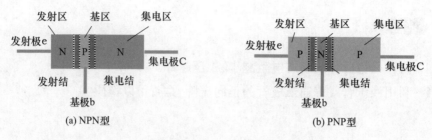

(a) NPN型　　　　　(b) PNP型

图 1.4.2　两种极性的双极型三极管

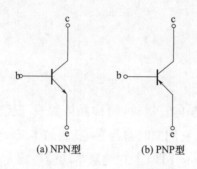

(a) NPN型　　　(b) PNP型

图 1.4.3　双极型三极管的符号

在制造三极管时,考虑放大的需要,发射区杂质浓度要高、基区要做得很薄,且杂质浓度低、集电区面积较大,因此三极管的集电极和发射极是有差别的,决不能颠倒使用。NPN 型和 PNP 型三极管符号中发射极 e 的箭头表示发射结正偏时电流的方向。

三极管种类很多,按照制造三极管的材料可分为硅管和锗管,按照结构可分为 NPN 型管和 PNP 型管,按照功率可分为大、中、小功率管,按照频率可分为高频管和低频管等。

二、三极管的电流放大作用

1. 三极管具有放大作用的条件

前面讲过,在制造三极管时,考虑放大的需要,发射区杂质浓度要高、基区要做得很薄,且杂质浓度低、集电区面积较大,这实际上是三极管具有放大作用时应该具备的内部条件。要使三极管具有放大作用,还需要一定的外部条件来保证,即必须给三极管的两个 PN 结加上正确的直流电压,外加电压的极性必须保证三极管发射结正偏,集电结反偏。图 1.4.4 给出了两种满足要求的直流供电电路。图 1.4.4(a)为 NPN 型三极管的直流供电电路,图 1.4.4(b)为 PNP 型三极管的直流供电电路。

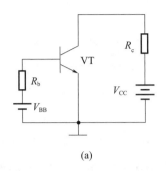
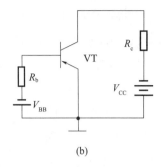

(a)　　　　　　　　　　(b)

图1.4.4　三极管的直流供电电路

2. 三极管的电流分配关系

图1.4.4中标出了三极管各极电流实际方向,若把三极管视为一个节点,根据基尔霍夫电流定律可知,三极电流间满足以下关系:

$$I_E = I_B + I_C$$

下面以NPN型三极管为例,用载流子在三极管内部的运动规律来说明上述电流关系。

(1) 发射极电流 I_E 的形成。

如图1.4.5所示,发射结加正偏时,从发射区将有大量的多数载流子(电子)不断向基区扩散,并不断从电源补充电子,形成发射极电流 I_E。与此同时,从基区向发射区也有多数载流子(空穴)的扩散运动,但其数量小,形成的电流可以忽略不计。这是因为发射区的掺杂浓度远大于基区的掺杂浓度。

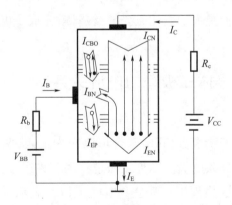

图1.4.5　双极型三极管的电流传输关系

(2) 基极电流 I_B 的形成。

进入基区的电子流将有少数电子不断与基区中的空穴复合。由于基区中的空穴浓度低,因此被复合的空穴自然很少。复合掉的空穴将由电源不断地补充电子,基本上等于基极电流 I_B。

(3)集电极电流 I_C 的形成。

进入基区的电子流因基区的空穴浓度低,所以被复合的机会较少。又因基区很薄,所以在集电结反偏电压的作用下,电子在基区停留的时间很短,很快就运动到集电结的边缘,进入集电结的结电场区域,被集电极所收集,形成电流 I_{CE},它基本上等于集电极电流 I_C。

另外,因集电结反偏,所以在内电场的作用下,集电区的少子(空穴)与基区的少子(电子)将发生漂移运动,形成电流 I_{CBO},并称为集电极 – 基极反向饱和电流。由此可得

$$I_C = I_{CE} + I_{CBO}$$

式中,I_{CBO} 是集电极电流和基极电流的一小部分,它受温度影响较大,与外加电压的关系不大。

由以上分析可知,发射区掺杂浓度高,基区很薄,是保证三极管能够实现电流放大的关键。

3. 三极管集电极电流与基极电流的关系

由实验数据可知,三极管在放大时,集电极电流比基极电流大得多,且集电极电流与基极电流之比基本不变,这一比值称为共发射极直流电流放大系数,用 $\bar{\beta}$ 表示,即

$$\bar{\beta} = \frac{I_C}{I_B}$$

如果能把某个微小电压的变化转变为基极电流的变化,那么基极电流的变化就会引起集电极电流更大的变化,这样三极管就完成了电流放大,可见三极管是一个电流放大器件。

三、双极型半导体三极管的电流关系

1. 三种组态

双极型三极管有三个电极,其中两个可以作为输入,两个可以作为输出,这样必然有一个电极是公共电极。三种接法也称为三种组态:

(1)共发射极接法,发射极作为公共电极,用 CE 表示,如图 1.4.6(a)所示;

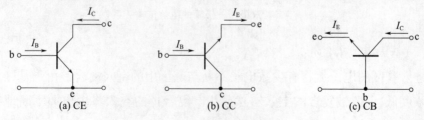

图 1.4.6 三极管的三种组态

(2) 共集电极接法,集电极作为公共电极,用 CC 表示,如图 1.4.6(b)所示;

(3) 共基极接法,基极作为公共电极,用 CB 表示,如图 1.4.6(c)所示。

2. 三极管的电流放大系数

对于集电极电流 I_C 和发射极电流 I_E 之间的关系可以用系数来说明,定义

$$\bar{\alpha} = I_{CN}/I_E$$

式中:$\bar{\alpha}$ 为共基极直流电流放大系数,它表示最后达到集电极的电子电流 I_{CN} 与总发射极电流 I_E 的比值。与 I_E 相比,I_{CN} 中没有 I_{EP} 和 I_{BN},所以 $\bar{\alpha}$ 的值小于 1 但接近 1,由此可得

$$I_C = I_{CN} + I_{CBO} = \bar{\alpha} I_E + I_{CBO} = \bar{\alpha}(I_C + I_B) + I_{CBO}$$

$$I_C = \frac{\bar{\alpha} I_B}{1-\bar{\alpha}} + \frac{I_{CBO}}{1-\bar{\alpha}}$$

定义

$$\bar{\beta} = I_C/I_B = (I_{CN} + I_{CBO})/I_B$$

式中:$\bar{\beta}$ 为共发射极接法直流电流放大系数。于是

$$\frac{I_C}{I_B} = \left(\frac{\bar{\alpha} I_B}{1-\bar{\alpha}} + \frac{I_{CBO}}{1-\bar{\alpha}}\right)\frac{1}{I_B}$$

$$\bar{\beta} = \left(\frac{\bar{\alpha} I_B}{1-\bar{\alpha}}\right)\frac{1}{I_B}$$

$$\approx \frac{\bar{\alpha}}{1-\bar{\alpha}}$$

因 $\bar{\alpha} \approx 1$,所以 $\beta \gg 1$。

四、三极管的特性曲线

三极管的特性曲线是反映三极管外部各极电流与电压之间相互关系的曲线。利用特性曲线可以全面了解三极管的工作性能,更好地理解三极管的电流放大作用。

三极管的特性曲线有共射特性曲线和共基特性曲线两种,常用的是共射特性曲线,在此只讨论 NPN 型三极管的共射特性曲线。因为三极管有三根电极,所以伏安特性曲线比二极管的伏安特性曲线复杂,有输入特性曲线和输出特性曲线之分,下面分别介绍。

1. 输入特性曲线

三极管基极电流 I_B 与基极 - 发射极间电压 U_{BE} 之间的关系称为三极管的输入特性。如图 1.4.7(a)所示就是某三极管的输入特性曲线,由图可以看出:输入特

性曲线是非线性的,它与二极管正向特性曲线相似,也存在死区,当输入电压小于死区电压(锗管约为0.1V,硅管约为0.5V)时,三极管不导通,处于截止状态;三极管正常工作时,U_{BE}变化不大,发射结正向导通电压,锗管为0.1~0.3V,通常取0.2V,硅管的导通电压为0.6~0.8V,通常取0.7V。在此电压附近,曲线陡直,近似为直线;U_{CE}增大时,曲线右移,当U_{CE}大于1V时,曲线不再移动,基本重合。

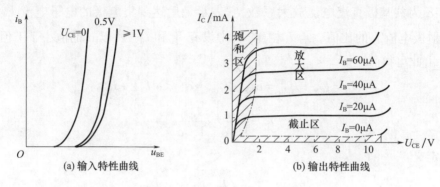

图1.4.7 三极管特性曲线

2. 输出特性曲线

三极管集电极电流I_C与集电极-发射极间电压U_{CE}之间的关系称为三极管的输出特性。如图1.4.7(b)所示是某三极管的输出特性曲线。在输出特性曲线中,三极管的各种状态可分为三个区域。

(1)饱和区。

$U_{CE}<1V$,画有斜线的区域。在此区域,三极管两个PN结均处于正偏,没有电流放大的作用,因此I_C不受I_B的控制,称为饱和状态。饱和时的管压降用U_{CES}表示,锗管约为0.3V,硅管约为0.7V。饱和压降很小,相当于C、E间短路,所以在开关电路中起到接通电路的作用。

(2)截止区。

$I_B=0$这条曲线以下的区域。在此区域内,三极管两个PN结均处于反偏,没有电流放大的作用,称为截止状态。因为$I_C\approx0$,三极管集电极和发射极之间呈现很大的电阻,相当于C、E间断开,所以在开关电路中起到断开电路的作用。

(3)放大区。

$I_B>0$、$U_{CE}>1V$的平坦区域。在此区域内,三极管满足发射结正偏、集电结反偏,集电极电流受基极电流的控制,不受U_{CE}的影响,具有电流放大的作用,称为放大状态。

五、三极管的主要参数

三极管的参数是评价三极管优劣和选用三极管的依据,在选用三极管电路时不可缺少。三极管的参数很多,这里只选择其中主要的进行介绍。

1. 共发射极电流放大系数

共发射极电流放大系数有交流放大系数 β 和直流放大系数 $\bar{\beta}$,二者数值非常接近,实际应用中除特别说明外一般不再区分,可以通用。通常 β 的值在 20 ~ 200,β 越小,三极管电流放大能力越小;β 越大,三极管电流放大能力越大,但工作稳定性越差,常用值在 50 ~ 100。

直流电流放大系数:

$$\bar{\beta} \approx I_C / I_B$$

交流电流放大系数:

$$\beta = \Delta I_C / \Delta I_B = (I_{C2} - I_{C1}) / (I_{B2} - I_{B1})$$

2. 集电极最大允许电流 I_{CM}

I_{CM} 是指三极管正常工作时,集电极所允许的最大电流。使用时如果集电极电流超过 I_{CM} 值,β 就明显下降,三极管电流放大能力就变差。

3. 穿透电流 I_{CEO}

基极开路($I_B = 0$)时,集电极和发射极之间的反向电流称为穿透电流,用 I_{CEO} 表示,是判断三极管温度特性的重要依据。硅管穿透电流比锗管小,因此温度稳定性好。

4. 反向击穿电压 U_{CEO}

U_{CEO} 是指基极开路时集电极和发射极之间所允许的最大电压。使用时如果 U_{CE} 超过 U_{CEO} 值,会使三极管因集电结击穿而损坏。反向击穿电压主要有 $U_{(BR)EBO}$、$U_{(BR)CB}$ 和 $U_{(BR)CEO}$。根据三极管的极限参数可以在输出特性曲线中画出一个安全工作区,如图 1.4.8 所示。

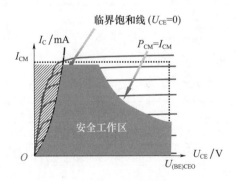

图 1.4.8 安全工作区

5. 集电极最大允许耗散功率 P_{CM}

P_{CM} 是指三极管集电结因受热而引起管子参数变化不超过规定值时所允许

的最大耗散功率。耗散功率超过此功率会使管子性能变坏或烧毁。P_{CM}的大小和三极管的散热条件以及环境温度有关。

【例1】 现已测得某电路中几只晶体管三个极的直流电位如表1.4.1所示,各晶体管b-e间开启电压U_{on}均为5V。试分别说明各管子的工作状态。

表1.4.1 例1中各晶体管电极电流电位

晶体管	T_1	T_2	T_3	T_4
基极直流电位V_B/V	0.7	1	-1	0
发射极直流电位V_E/V	0	0.3	-1.7	0
集电极直流电位V_C/V	5	0.7	0	15
工作状态				

解: 在电子电路中,可以通过测试晶体管各极的直流电位来判断晶体管的工作状态。对于NPN型管,当b-e间电压$U_{BE}<U_{on}$,管子截止;当$U_{BE}>U_{on}$且管压降$U_{CE} \geq U_{BE}$(或$V_C \geq V_B$)时,管子处于放大状态;当$U_{BE}>U_{on}$且管压降$U_{CE}<U_{BE}$(或$V_C<V_B$)时,管子处于饱和状态。硅管的$U_{on} \approx 0.5V$,锗管的$U_{on} \approx 0.1V$。对PNP型管,读者可自行总结规律。

根据以上规律可知,T_1处于放大状态,因为$U_{BE}=0.7V$且$U_{CE}=5V$,$U_{CE}>U_{BE}$。T_2处于饱和状态,因为$U_{BE}=0.7V$,且$U_{CE}=V_C-V_E=0.4V$,$U_{CE}<U_{BE}$。T_3处于放大状态,因为$U_{BE}=V_B-V_E=0.7V$,且$U_{CE}=V_C-V_E=1.7V$,$U_{CE}>U_{BE}$。T_4处于截止状态,因为$U_{BE}=0V<U_{on}$。

将分析结果填入表内:

晶体管	T_1	T_2	T_3	T_4
工作状态	放大	饱和	放大	截止

【例2】 在一个单管放大电路中,电源电压为30V,已知三只管子的参数如表1.4.2所示,请选用一只晶体管,并简述理由。

表1.4.2 例2的晶体管参数表

晶体管参数	T_1	T_2	T_3
$I_{CBO}/\mu A$	0.01	0.1	0.05
U_{CEO}/V	50	50	20
β	15	100	100

解: T_1管虽然I_{CBO}很小,即温度稳定性,但β很小,放大能力差,所以不宜选用。T_3管虽然I_{CBO}较小且β较大,但因工作电源电压为30V,而T_3的U_{CEO}仅为

20V,在工作过程中有可能使 T_3 击穿,所以不能选用。T_2 管的 I_{CBO} 较小,β 较大,且 U_{CEO} 大于电源电压,所以 T_2 最合适。

六、光电三极管

光电三极管依据光照的强度来控制集电极电流的大小,其功能可等效为一只光电二极管与一只晶体管相连,并仅引出集电极与发射极,如图 1.4.9(a)所示。其符号如图 1.4.9(b)所示,常见外形如图 1.4.9(c)所示。

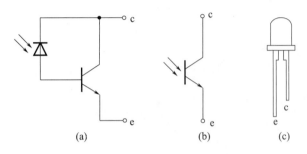

图 1.4.9 光电三极管性曲线

光电三极管与普通三极管的输出特性曲线相类似,只是将参数变量基极电流 I_B 用入射光照度 E 取代,如图 1.4.10 所示。

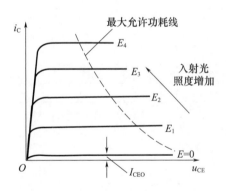

图 1.4.10 光电三极管性曲线

无光照时的集电极电流称为暗电流 I_{CEO},它约为光电二极管暗电流的 2 倍,而且受温度的影响很大,温度每上升 25℃,I_{CEO} 上升约 10 倍。有光照时的集电极电流称为光电流。当管压降 u_{CE} 足够大时,i_C 几乎仅仅取决于入射光照度 E。对于不同型号的光电三级管,当入射光照度 $E=1000lx$ 时,光电流从小于 1mA 到几毫安不等。

使用光电三极管时,也应特别注意其反向击穿电压、最高工作电压、最大集电极功耗等极限参数。

七、半导体三极管的型号

国家标准对半导体三极管的命名如图 1.4.11 所示。

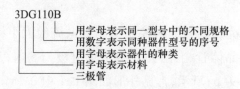

图 1.4.11

第一位:3 表示三级管。

第二位:A 表示锗 PNP 管,B 表示锗 NPN 管,C 表示硅 PNP 管,D 表示硅 NPN 管。

第三位:X 表示低频小功率管,D 表示低频大功率管,G 表示高频小功率管,A 表示高频小功率管,K 表示开关管。

表 1.4.3　双极型三极管的参数

参数型号	P_{CM} mW	I_{CM}/mA	V_{RCBO}/V	V_{RCEO}/V	V_{REBO}/V	I_{CBO}/μA	f_T/MHz
3AX31D	125	125	20	12		≤6	* ≥8
3BX31C	125	125	40	24		≤6	* ≥8
3CG101C	100	30	45			0.1	100
3DG123C	500	50	40	30		0.35	
SDD101D	5A	5A	300	250	4	<2mA	
3DK100B	100	30	25	15		≤0.1	300
3DKG23	250W	30A	400	325			8

表中 * 表示变化。

1. 晶体管输入特性曲线和输出特性曲线各有什么特点?

2. 如图 1.4.12 所示,处于放大状态的三极管三极对地的电位为 $V_1 = 6V$,$V_2 = 2.3V$,$V_3 = 3V$,试判断三极管各电极和类型。

图 1.4.12

第五节 晶闸管(拓展知识)

相关知识

晶闸管(SCR)又称可控硅或半导体闸流管,是一种大功率半导体开关元件。它具有体积小、重量轻、无火花、动作快等优点,是一种很理想的无触点开关元件,广泛应用于整流、调速、调压和调频等技术中。晶闸管种类很多,有单向晶闸管、双向晶闸管、可关断晶闸管和光控晶闸管等。本节重点介绍单向晶闸管,对双向晶闸管只做一般了解,其他晶闸管不做要求。

一、单向晶闸管

1. 单向晶闸管的结构和电路符号

如图 1.5.1 所示是常见的几种单向晶闸管的外形图。不同的单向晶闸管,外形差别很大,但从结构上看都是由 P、N、P、N 四层半导体材料构成的器件,图 1.5.2(a)所示是单向晶闸管的结构示意图,图 1.5.2(b)是单向晶闸管的电路符号。单向晶闸管有三个 PN 结和三个电极,由 P_1 引出的电极为阳极 A,由 N_2 引出的电极为阴极 K,由 P_2 引出的电极为门极 G。

图 1.5.1 常见单向晶闸管外形图

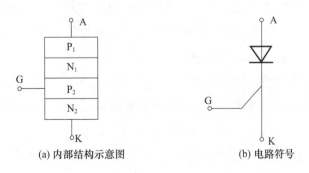

图 1.5.2 单向晶闸管的结构示意图和电路符号

2. 单向晶闸管的工作原理

为了说明晶闸管的工作原理,可以把单向晶闸管等效成由一个 PNP 三极管 VT_1 和一个 NPN 三极管 VT_2 组成,如图 1.5.3 所示。阳极 A 相当于 VT_1 的发射极;阴极 K 相当于 VT_2 的发射极;门极 G 既是 VT_1 的集电极,又是 VT_2 的基极。

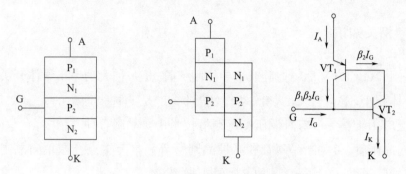

图 1.5.3 可控硅等效电路原理形成图

当单向晶闸管的阳极和阴极间加正向电压 U_{AK} 时,若门极不加正向电压 U_{GK},则单向晶闸管一般不导通,处于截止状态;若门极加上适当正向电压 U_{GK} 后,则 VT_2 发射结因加正偏电压而导通,产生初始基极电流,也就是门极电流 I_G。I_G 经过 VT_2 放大,产生较大的集电极电流 $\beta_2 I_G$,它又作为 VT_1 的基极电流,经过 VT_1 放大后产生集电极电流 $\beta_1\beta_2 I_G$,这个电流又流入 VT_2 的基极,继续放大。如此循环下去,最后使 VT_1 和 VT_2 进入完全饱和状态,即单向晶闸管导通。单向晶闸管导通后,阳极与阴极间管压降约为 1V,电源电压几乎全部加在回路的负载上,单向晶闸管的电流就等于负载电流。

管子一旦导通,去掉门极电压 U_{GK},则 VT_1 的集电极仍能给 VT_2 基极提供足够的电流,使晶闸管仍能维持导通,因此晶闸管门极电压 U_{GK} 常常是一个具有一定幅度而存在时间很短的脉冲电压(称为触发脉冲)。单向晶闸管导通后,要使其阻断,必须减小阳极电流到一定数值,或使阳极与阴极间电压 U_{AK} 反向,或切断电源。由此可见,单向晶闸管好比具有单向导电性能的可控二极管,其门极只是用来控制单向晶闸管的导通时刻。

综上所述,可以得出以下结论:

(1)单向晶闸管导通的条件:阳极与阴极间加正向电压,同时在门极与阴极两端加上一定幅度的正向电压,二者缺一不可。

(2)单向晶闸管一旦导通,门极电压即失去控制作用,因此门极所加的电压一般为脉冲电压。

(3)单向晶闸管的关断条件:将阳极电压降为零或负;使单向晶闸管阳极电

流小于维持电流 I_H。

3. 单向晶闸管的伏安特性

单向晶闸管的伏安特性如图 1.5.4 所示。由图所知,曲线可分为四个工作区,即反向阻断区、反向击穿区、正向阻断区和正向导通区。晶闸管不可进入反向击穿区,否则可能使晶闸管烧坏。

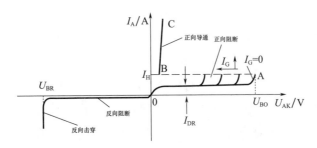

图 1.5.4　单向晶闸管的伏安特性曲线

(1) 正向阻断区。在门极电流 $I_G = 0$ 时,晶闸管只流过很小的正向漏电流 I_{DR},此时晶闸管处于正向阻断状态。

(2) 正向导通区。在正向电压增大到正向转折电压 U_{BO} 时,漏电流 I_{DR} 突然增大,晶闸管由正向阻断状态突然转变为导通状态。晶闸管导通后与二极管的正向特性相似。

(3) 反向阻断区和反向击穿区。当晶闸管的阳极和阴极加上反向电压时,只有很小的反向电流,此时晶闸管处于反向阻断状态。当反向电压增大到反向转折电压 U_{BR} 时,电流突然上升,晶闸管反向击穿,此时功耗很大,如果不采取限流措施,晶闸管可能损坏。

4. 单向晶闸管的主要参数

(1) 正向阻断峰值电压 U_{DRM}。指在额定结温、门极断开和晶闸管正向阻断的情况下,允许重复加到晶闸管阳极与阴极之间的正向峰值电压。

(2) 反向阻断峰值电压 U_{RRM}。指在门极断开的情况下,允许重复加在晶闸管阳极与阴极间的反向峰值电压。如果 U_{DRM} 和 U_{RRM} 不相等,则取较小的电压值作为该元件的额定电压。

(3) 额定正向平均电流 I_F。指在规定的散热条件下,晶闸管的阳极与阴极之间允许连续通过工频(50Hz)正弦半波电流的平均值。

(4) 维持电流 I_H。指在规定的环境温度和门极断开的情况下,维持晶闸管连续导通所需要的最小电流,称为维持电流。当晶闸管的阳极电流小于此电流时,晶闸管自动关断。

二、双向晶闸管

双向晶闸管在结构上可以看成一对反向并联的单向晶闸管,但不能理解为双向晶闸管,可以由两个单向晶闸管简单组合而成。图 1.5.5 是常见双向晶闸管的外形,图 1.5.6 是双向晶闸管的内部结构示意及电路符号。从图中可以看出,双向晶闸管是由 N、P、N、P、N 五层半导体材料构成的器件,三个电极分别是 T_1、T_2、G。因为该器件可以双向导通,故除门极 G 以外的两个电极统称为主电极,用 T_1、T_2 表示,而不再区分阳极和阴极。其特点是,当 G 极和 T_2 极相对于 T_1 的电压均为正时,T_2 是阳极,T_1 是阴极;反之,当 G 极和 T_2 极相对于 T_1 的电压均为负时,T_1 变成阳极,T_2 为阴极。可见,门极 G 相对于 T_1 端无论是正电压还是负电压,都能触发双向晶闸管。因为一个双向晶闸管比两个单向晶闸管经济,而且控制电路较简单,所以双向晶闸管在交流开关、交流调压和交流电动机调速等方面获得了广泛的应用。

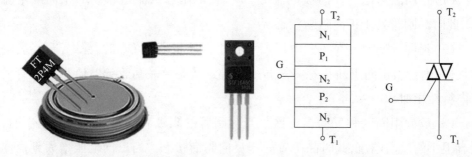

图 1.5.5　常见双向晶闸管外形图　　图 1.5.6　双向晶闸管的结构及电路符号

1. 单向晶闸管的伏安特性曲线与晶体管有什么区别?

■■■■■■ 本章小结 ■■■■■■

1. PN 结的基本特性是单向导电。它体现在外加不同极性的电压时,流过 PN 结的电流相差悬殊。当给 PN 结加正压(P 接高电位)时,有电流流过 PN 结;当给 PN 结加反压(P 接低电位)时没有电流流过 PN 结。

2. 二极管是最简单的器件,它的核心就是一个 PN 结,PN 结的特性就是二极管的特性。二极管的主要用途是整流、检波。特殊二极管可用来稳压、照明和制成半导体光电池板等。

3. 三极管由两个 PN 结构成,有 NPN 型管和 PNP 型管两类。三极管的放大作用体现在用较小的基极电流可以控制较大的集电极电流,其控制倍数为 β。

三极管的主要用途是作为放大元件和开关元件。

三极管有三种状态:

(1)放大状态。条件是发射结正偏,集电结反偏。此时 $I_C = \beta I_B$,I_C 受 I_B 的控制。

(2)饱和状态。条件是发射结正偏,集电结正偏。此时 I_C 很大,但不受 I_B 的控制,U_{CE} 很小,相当于 C、E 间短路。

(3)截止状态。条件是发射结反偏,集电结反偏。此时 $I_C = 0$,相当于 C、E 间断路。

三极管做放大元件时,工作在放大状态;做开关元件时,工作在饱和状态相当于开关合上,工作在截止状态时相当于开关断开。

4. 晶闸管是一种大功率半导体开关元件,种类很多,有单向晶闸管、双向晶闸管、可关断晶闸管和光控晶闸管等,广泛应用于整流、调速、调压和调频等技术中。

单向晶闸管是一个具有三个 PN 结的半导体器件,其导电特性:一是阳极与阴极间加正向电压,同时在门极与阴极两端加上一定幅度的正向脉冲,单向晶闸管才能正向导通,二者缺一不可;二是单向晶闸管一旦导通,门极电压即失去控制作用;三是将阳极电压降为零或为负,使单向晶闸管阳极电流小于维持电流 I_H,晶闸管才能关断。

双向晶闸管是一个具有四个 PN 结的半导体器件,它的导电特性:门极 G 相对于主电极 T_1,既可以加正电压,也可以加负电压,都能触发双向晶闸管导通。

■■■■■ 习题一 ■■■■■

一、填空题

1. 二极管按制造材料不同分为_____和_____;按照 PN 结(管芯)的结构分为_____、_____和_____。

2. 晶体二极管的基本特性是_____。它体现在二极管加正向电压时表现为_____,加反向电压时表现为_____。

3. 锗二极管正向导通时电压约为_____,硅二极管正向导通时电压约为_____。

4. 三极管可分为_____型和_____型两类,三极管三个电极分别是_____、_____和_____。

5. 要使三极管工作在放大状态的条件是:发射结加上_____电压,集电结加上_____电压。

6. 发射结加正偏电压,集电结加正偏电压时,三极管工作在_____状态;发射结加反偏电压,集电结加反偏电压时,三极管工作在_____状态。

7. 单向晶闸管具有三个电极:_____、_____和_____,分别用字母_____、_____和_____表示。

8. 双向晶闸管具有三个电极:_____、_____和_____,分别用字母_____、_____和_____表示。

9. 单向晶闸管的导通条件是_____和_____。

二、选择题

1. 由 P 型半导体一侧引出的电极是二极管的_____。
   A. 正极　　　　　　　B. 负极　　　　　　　C. 不一定

2. 发光二极管的制造材料是_____。
   A. 硅材料　　　　　　B. 锗材料　　　　　　C. 其他半导体材料

3. _____可用来制造太阳能电池板。
   A. 稳压二极管　　　　B. 发光二极管　　　　C. 光敏二极管

4. 三极管工作在饱和区时_____。
   A. 发射结正偏、集电结正偏
   B. 发射结反偏、集电结反偏
   C. 发射结正偏、集电结反偏

5. 对于 NPN 管来说:为使其具有放大作用,三极电位必须满足以下条件,即_____。
   A. $V_C > V_B > V_E$　　B. $V_C < V_B < V_E$　　C. $V_C = V_B = V_E$

6. 单向晶闸管是由_____构成的半导体器件。
   A. 一个 PN 结　　　　B. 二个 PN 结　　　　C. 三个 PN 结

7. 双向晶闸管是由_____构成的半导体器件。
   A. 两个 PN 结　　　　B. 三个 PN 结　　　　C. 四个 PN 结

8. PN 结加正向电压时,空间电荷区将_____。

A. 变窄　　　　　　B. 基本不变　　　　　C. 变宽

9. 稳压管的稳压区是其工作在_____。

A. 正向导通　　　　B. 反向截止　　　　　C. 反向击穿

三、是非题

1. 二极管的单向导电性体现在,二极管加正向电压时导通,加反向电压时截止。(　　)

2. 稳压二极管和普二极管一样,在工作时一定不能击穿,否则可能损坏 PN 结。(　　)

3. 三极管作为放大元件使用时,必须工作在放大状态。(　　)

4. 三极管作为开关元件使用时,必须工作在饱和和截止状态。(　　)

5. 单向晶闸管只能控制其导通,不能控制器关断。(　　)

6. 双向晶闸管门极 G 相对于主控极 T_1 端,无论是正电压还是负电压,都能触发双向晶闸管导通。(　　)

四、作图分析与计算题

1. 电路如图 1-1 所示,已知 $u_i = 10\sin\omega t(\text{V})$,试画出 u_i 与 u_o 的波形。设二极管正向导通电压可忽略不计。

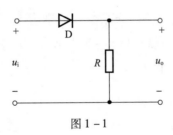

图 1-1

2. 电路如图 1-2 所示,已知 $u_i = 5\sin\omega t(\text{V})$,二极管导通电压 $U_D = 0.7\text{V}$。试画出 u_i 与 u_o 的波形,并标出幅值。

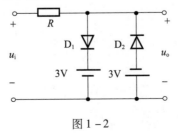

图 1-2

3. 图1-3所示是由直流电源 E、二极管 VD 和小灯泡 HL 组成的,问电路中的小灯泡是否亮? 二极管是否导通? 若二极管导通电压为0.7V,灯两端的电压为多大?

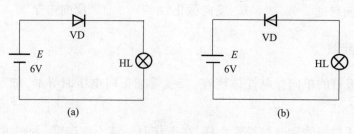

图1-3

4. 测得三极管各极对地电位如图1-4所示,试分析各管处于什么状态(已知三极管质量完好)。

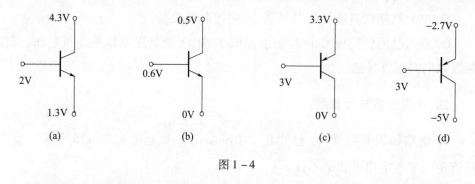

图1-4

5. 已知两只晶体管的电流放大系数 β 分别为50和100,现测得放大电路中这两只晶体管两个电极的电流如图1-5所示。分别求另一电极的电流,标出其实际方向,并在圆圈中画出管子。

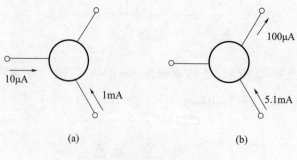

图1-5

6. 测得放大电路中6只晶体管的直流电位如图1-6所示。在圆圈中画出管子,并分别说明是硅管还是锗管。

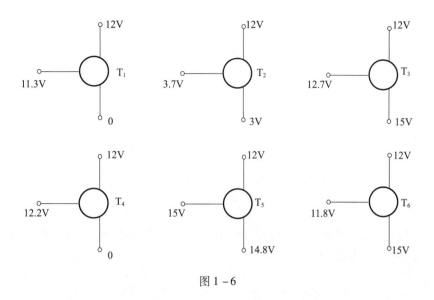

图 1-6

7. 分别判断图 1-7 所示各电路中晶体管是否有可能工作在放大状态。

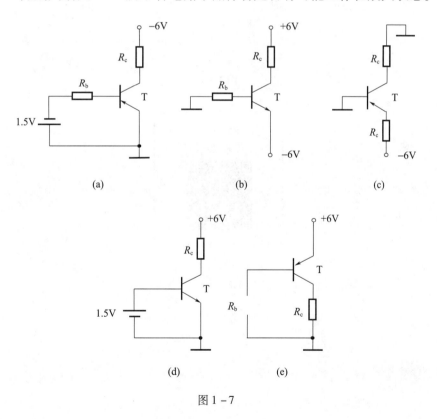

图 1-7

8. 电路如图 1-8 所示,晶体管导通时 $U_{BE}=0.7V$,$\beta=50$。试分析 V_{BB} 分别为 0V、1V、3V 时 T 的工作状态及输出电压 u_o 的值。

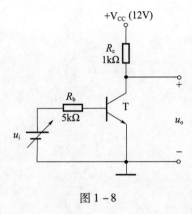

图 1-8

9. 维持电流为 4mA 的晶闸管,应用在图 1-9 所示的电路中是否合适(不考虑电压和电流的裕量)?为什么?

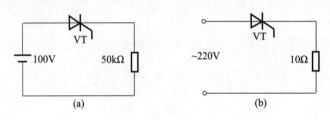

图 1-9

第二章　基本放大电路

本章问题提要

1. 什么是放大电路？放大电路的特征是什么？
2. 为什么晶体三极管的输入输出特性能说明它有放大作用？如何将晶体管接入电路才能使其有放大作用？组成放大电路的原则是什么？有几种接法？
3. 如何评价放大电路的性能？有哪些主要指标？有什么方法分析这些参数？
4. 晶体管的三种基本放大电路各有什么特点？如何根据它们的特点组成派生电路？

在工作和日常生活中，常常需要检测和控制一些与设备运行有关的非电量，如温度、亮度(光)、声音、震动、气味等，这些非电量经过传感器可以转换成电信号，但非常微弱，需要放大电路进行放大后才能驱动功率较大的继电器、电动机、仪表、喇叭、晶闸管等，以达到测量和控制的目的。

本章先介绍放大电路的一些基本概念，重点学习由单个三极管组成的放大电路——共射放大电路，最后介绍共集放大电路和共基放大电路。

第一节　放大的概念和放大电路的主要性能指标

相关知识

放大现象存在于各种场合，例如，利用放大镜放大微小物体，这是光学中的放大；利用杠杆原理移动重物，这是力学中的放大；利用变压器将电压由低压变换为高压，这是电学中的放大。它们的共同点：一是将"原物"形状或大小按一定比例放大;二是放大前后能量守恒,例如,杠杆原理中前后端做功相同,理想变压器的原、副边功率相等。

一、放大的概念

在电子学中,把微弱的电信号(微电压、微电流)放大成较强的电信号的电路,称为放大电路,简称放大器。常见的扩音机就是一种放大电路。如图 2.1.1 所示是扩音机的实物图,它由三部分组成,即话筒、放大电路和扬声器。扩音机放大电路的组成方框图,如图 2.1.2 所示。

图 2.1.1 扩音机实物图

图 2.1.2 放大电路的组成方框图

扩音机的工作过程:话筒把声音转换成微弱的电压信号,经过扩音机放大电路放大后送到扬声器,被还原成声音。还原后的声音比送入话筒的声音大得多。

二、放大电路的分类

晶体三极管组成的放大电路种类很多,主要有以下几类:

(1)根据频率的高低不同,分为直流放大电路、低频放大电路和高频放大电路。

(2)根据被放大对象的不同,分为电流放大电路、电压放大电路和功率放大电路。

(3)根据被放大信号的强弱不同,分为小信号放大电路和大信号放大电路。

(4)根据三极管连接方式的不同,分为共射放大电路、共基放大电路和共集放大电路。

(5)按元件集成化程度的不同,分为分立元件放大电路和集成放大电路。

三、放大电路中电压、电流符号的规定

当放大电路输入端加上一个随时间变化的信号时,放大电路中的电压、电流

都随时间在变化。对于每一个电压或电流,都有直流分量、交流分量和总量(瞬时值),通常作以下规定:

(1)直流分量,用大写字母和大写下标表示,如 I_B,I_C,I_E,U_{BE},U_{CE}。

(2)交流有效值(或振幅值),用大写字母和小写下标表示,如 $I_b(I_{bm})$、$I_c(I_{cm})$、$U_{be}(U_{bem})$、$U_{ce}(U_{cem})$。

(3)瞬时值(总量),总量是指直流分量和交流分量之和,用小写字母和大写下标表示,如 i_B,i_C,i_E,u_{BE},u_{CE}。

(4)交流分量,用小写字母和小写下标表示,如 i_b,i_c,i_e,u_{be},u_{ce}。

从图 2.1.3 中可以看出各符号的意义。

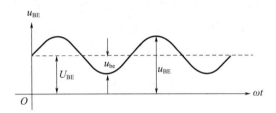

图 2.1.3 各符号的意义

四、放大电路的主要性能指标

怎样衡量一个放大电路的好坏呢？这要用一些具体的指标来判断,对于小信号低频放大电路来说,主要有以下几项指标:电压放大倍数、电流放大倍数、输入电阻和输出电阻。通常在低频放大电路输入端加入一个正弦交流电压(频率约 1kHz)来确定这些指标。

1. 放大倍数

放大倍数(也称为增益)是表示放大电路放大能力的一项重要指标,常用的有以下两种。

(1)电压放大倍数 A_u。放大电路输出电压 u_o 与输入电压 u_i 之比为电压放大倍数,即

$$A_u = \frac{u_o}{u_i}$$

它表示放大电路放大电压信号的能力。

(2)电流放大倍数 A_i。放大电路输出电流 i_o 与输入电流 i_i 之比为电流放大倍数,即

$$A_i = \frac{i_o}{i_i}$$

它表示放大电路放大电流信号的能力。

2. 输入电阻 R_i

从放大电路输入端看进去的等效电阻为放大电路的输入电阻。它等于放大电路输入电压 u_i 与输入电流 i_i 之比,即

$$R_i = \frac{u_i}{i_i}$$

输入电阻是衡量放大电路对信号源影响程度的一个重要指标。其值越大,放大电路从信号源索取的电流越小,对信号源的影响就越小。

3. 输出电阻 R_o

从放大电路输出端看进去的等效电阻为放大电路的输出电阻。它反映了放大电路的带负载能力,其值越小,放大电路的带负载能力就越强。

这些指标的含义可以通过图 2.1.4 来说明。

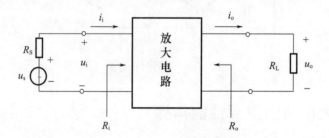

图 2.1.4　放大电路主要指标的含义

1. 在放大电路中,直流量与交流量如何表示?有何不同?
2. 衡量放大电路的性能指标有哪几项?

第二节　共射放大电路

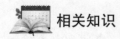

共射放大电路是最基本、最常见的放大电路,是组成各种复杂放大电路的基础。本节主要学习共发射极放大电路的组成、工作原理和分析方法,了解放大电路的失真问题和调整方法。

一、电路的组成

因为输入、输出电压的公共端是发射极,故这种放大电路称为共射放大电路。图 2.2.1 所示是由 NPN 型三极管组成的共射放大电路。

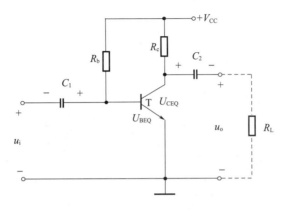

图 2.2.1　共射放大电路

电路中各元件的作用:

(1)三极管 VT,是整个电路的核心,担负着放大的任务。

(2)基极电阻 R_b,也称偏置电阻,它和电源 V_{CC} 一起,给基极提供合适的基极电流 I_B(又叫偏流),以确保三极管有一个合适的工作状态。R_b 的数值一般为几十千欧到几百千欧。

(3)集电极电阻 R_c,共射放大电路也称集电极负载电阻,它的作用是把三极管的电流放大转换为电压放大。R_c 的数值一般为几千欧到几百千欧。

(4)直流电源 V_{CC},有两个作用:一是提供负载所需信号的能量;二是通过 R_b 给晶体管基极提供一个合适的工作电流。V_{CC} 一般从几伏到几十伏。

(5)耦合电容 C_1、C_2,有两个作用:一是隔直流,使电路的直流 V_{CC} 不影响输入信号源和输出负载;二是保证交流信号无衰减地传送。C_1 和 C_2 通常采用电解电容,一般从几微法到几十微法,在电路连接时要注意它们的极性。

二、放大电路的工作原理

放大电路的工作状态分为静态和动态两种。无交流信号时,放大电路的工作状态称为静态;有交流信号时,放大电路的工作状态称为动态。静态工作点 Q 指放大电路静态时三极管各极电压和电流值(直流分量),有 U_{BEQ}、I_{BQ}、U_{CEQ}、I_{CQ} 四个。

1. 静态工作情况

在图 2.2.2 中,静态时,u_i 等于零,此时三极管各极的电压、电流都不变,其值(静态工作点)为 I_{BQ}、U_{BEQ}、I_{CQ}、U_{CEQ},所以 u_o 也等于零,无输入时无输出。

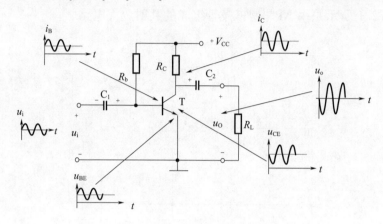

图 2.2.2 共射放大电路各极电压、电流波形图

2. 动态工作情况

在图 2.2.2 中,动态时,u_i 不等于零,此时三极管各极的电压、电流都随着 u_i 的变化而变化,所以 u_o 也不等于零。由于三极管的放大作用,u_o 比 u_i 大得多,从而实现了电压放大。

图 2.2.2 给出的放大电路各极的电压和电流波形图,有助于大家理解放大电路的工作情况。

三、放大电路的非线性失真

放大电路的输出波形总是和输入波形有一些差别,这就是失真。失真可分为线性失真和非线性失真。线性失真是由电容、电感等交流元件引起的,而非线性失真是由三极管的非线性所造成的。在低频放大电路中主要是非线性失真,当放大电路静态工作点不合适时,可能出现以下非线性失真。

1. 饱和失真

在图 2.2.3 所示的放大电路中,当 R_b 阻值很小时,输出电压的波形在负半周时出现平顶,波形如图 2.2.3(a)所示,这种失真是由于三极管饱和所造成的,称为饱和失真。消除的办法是增大 R_b 的电阻值。

2. 截止失真

在图 2.2.3 所示的放大电路中,当 R_b 阻值很大时,输出电压的波形在正半周时出现平顶,波形如图 2.2.3(b)所示,这种失真是由于三极管截止所造成的,称为截止失真。消除的办法是减小 R_b 的电阻值。

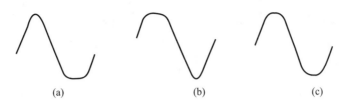

图 2.2.3　共射放大电路的非线性失真

3. 双向失真

在图 2.2.3 所示的放大电路中,当 R_b 阻值适当时,如果连续增大输入信号电压到一定的幅度时,输出电压的正、负半周会出现平顶,波形如图 2.2.3(c)所示,这种失真称为双向失真。消除的办法是减小输入信号电压的幅度或增大放大电路的电源电压。

四、基本共射放大电路的工作原理及波形分析

在图 2.2.4 所示的基本放大电路中,静态时的 I_{BQ}、I_{CQ}、U_{CEQ} 如图 2.2.4(b)、(c)中虚线所标注。

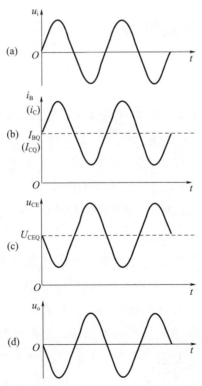

图 2.2.4　基本共射放大电路的波形分析
(a)u_i 的波形;(b)$i_b(i_C)$ 的波形;(c)u_{ce} 的波形;(d)u_o 的波形。

当有输入电压时,基极电流是在原来直流分量 I_{BQ} 的基础上叠加一个正弦交流电流,因而基极总电流 $i_B = I_{BQ} + i_B$,如图 2.2.4(b)中实线波形。根据晶体管基极电流对集电极电流的控制作用,集电极电流也会在直流分量 I_{CQ} 的基础上产生一个正弦交流电流,而且 $i_C = \beta i_B$,集电结总电流 $i_C = I_{CQ} + \beta i_B$。不难理解,集电结动态电流 i_C 必将在集电极电阻 R_C 上产生一个与 i_C 波形相同的交变电压。而由于 R_C 上的电压增大时,管压降 u_{ce} 必然减小;R_C 上的电压减小时,u_{ce} 必然增大,所以管压降是在直流分量 U_{CEQ} 的基础上叠加一个与 i_C 变化方向相反的交变电压 u_{ce}。管压降总量 $u_{CE} = U_{CEQ} + u_{ce}$,见图 2.2.4(c)中实线波形。将管压降中的直流分量 U_{CEQ} 去掉,就得到一个与输入电压 u_i 相位相反且放大了的交流电压 u_o,如图 2.2.4(d)所示。

从以上分析可知,对于基本共射放大电路,只有设置合适的静态工作点,使交流信号加载在直流分量之上,才能保证晶体管在输入信号的周期内始终工作在放大状态,输出电压波形才不会产生非线性失真。基本共射放大电路的电压放大作用是利用晶体管制电流放大,并依靠 R_C 将电流的变化转化成电压的变化来实现的。

五、放大电路的组成原则

通过对基本共射放大电路的简单分析可以总结出,在组成放大电路时必须遵循以下几个原则。

(1)必须根据所用放大管的类型提供直流电源,以便设置合适的静态工作点,并作为输出的能源。对于晶体管放大电路,电源的极性和大小应使晶体管基极与发射极之间处于正向偏置,静态电压 $|U_{BEQ}|$ 大于开启电压 U_{on},而集电极与基极之间处于反向偏置,即保证晶体管工作在放大区。对于场效应管放大电路,电源的极性和大小应为场效应管的栅极与源极之间、漏极与源极之间提供合适的电压,从而使之工作在恒流区。

(2)电阻取值得当,与电源配合,使放大管有合适的静态工作电流。

(3)输入信号必须能够作用于放大管的输入回路。对于晶体管,输入信号必须能够改变基极与发射极之间的电压,产生 u_{BE},或改变基极电流,产生 Δi_B(或 Δi_E)。对于场效应管,输入信号必须能够改变栅极与源极之间的电压,产生 Δu_{GS}。这样才能改变放大管输出回路的电流,从而放大输入信号。

(4)当负载接入时,必须保证放大管输出回路的动态电流(晶体管的 Δi_C 或场效应管的 Δi_D)能够作用于负载,从而使负载获得比输入信号大得多的信号电流或信号电压。

1. 什么叫偏置电路？
2. 放大电路由几部分组成？每个部分的作用是什么？
3. 共射放大电路的非线性失真是什么原因造成的？如何克服？

第三节　放大电路的分析方法

分析放大电路就是在理解放大电路工作原理的基础上求解静态工作点和各项动态参数。本节以基本共射放大电路为例，针对电子电路中存在着非线性器件（晶体管），直流量与交流量同时作用的特点，提出分析方法。

一、直流通路与交流通路

有信号输入时，放大器中既存在直流分量又存在交流分量，而放大器中的电抗元件（电容和电感）对直流电和交流电的阻碍是不同的，因此放大器就有直流通路和交流通路之分。

1. 直流通路

只考虑放大器中直流电流的路径所构成的直流简化电路称为直流通路。绘直流通路应遵循的原则是：

(1) 电容可视为开路。

(2) 电感可视为短路（即忽略线圈电阻）。

(3) 信号源视为短路但应保留其内阻。

2. 交流通路

只考虑放大器中交流电流的路径所构成的交流简化电路称为交流通路。绘交流通路应遵循的原则是：

(1) 容量大的电容（耦合电容、旁路电容）可视为短路。

(2) 无内阻的直流电源（如 $+V_{CC}$）视为短路。

根据上述原则，图 2.3.1(a) 所示的基本共射放大电路的直流通路可转化成如图 2.3.1(b) 所示的电路。图中集电极电源 $+V_{CC}$ 接地，信号源短接，但保留其内阻。为了做出交流通路,应将直流电源+V_{CC}短路,因而集电极电阻 R_C 并联在晶体管的集电极和发射极之间,如图 2.3.1(c)所示。

二、静态分析

静态分析的目的就是确定放大电路在输入信号为零时三极管各极电压和电流的值,因为此时放大电路中只有直流电压 V_{CC} 的作用,所以算出来的值又称为直流值,或者称为静态值。常用的方法有两种:一种是近似估算法;另一种是图解法。

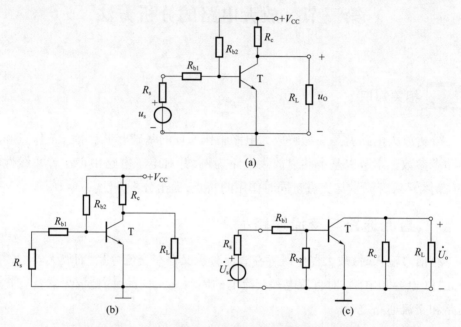

图 2.3.1 基本共射放大电路的直流通路和交流通路

1. 近似估算法

所谓近似估算法就是 U_{BEQ}、β 取近似值,在此基础上估算出基极直流电流 I_{BQ}、集电极直流电流 I_{CQ} 和集电极与发射极间直流电压 U_{CEQ}。

以共射电路为例,如图 2.3.2 所示。

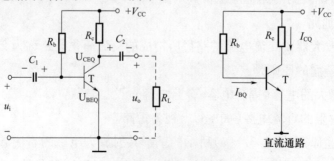

图 2.3.2 共射放大电路

在输入电路中,因为
$$I_{BQ}R_b + U_{BEQ} = V_{CC}$$
所以
$$I_{BQ} = (V_{CC} - U_{BEQ})/R_b$$
三极管若为硅管,则 U_{BEQ} 取 0.7V;若为锗管,则 U_{BEQ} 取 0.2V。
在输出回路中,有
$$I_{CQ} = \beta I_{BQ}$$
因为
$$I_{CQ}R_c + U_{CEQ} = V_{CC}$$
所以
$$U_{CEQ} = V_{CC} - I_{CQ}R_c$$
β 为三极管的共射直流电流放大系数,和交流放大系数近似相等。

以后还要学习很多放大电路,都有可能涉及静态工作点的计算问题,所以一定要掌握静态工作点计算的关键。

2. 图解法

图解法的思路是通过作图确定放大电路的静态值。为了便于分析,将共射基本放大器的直流通路转化为图 2.3.3,将 V_{CC} 转化为两个电源,并将输入和输出均分割为左、右两部分。

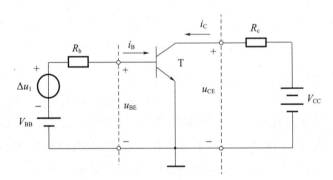

图 2.3.3 直流通路等效

静态值既要在三极管的特性曲线上(内特性),又要符合含源支路的欧姆定律(外特性)。下面先写出输入回路和输出回路中含源支路的欧姆定律。

(1) 含源支路的欧姆定律。

如图 2.3.3 所示,

在输入回路中: $\quad u_{BE} = V_{CC} - i_B R_b \quad$ (2.3.1)

在输出回路中: $\quad u_{CE} = V_{CC} - i_C R_c \quad$ (2.3.2)

上述两个方程都是线性方程,其中式(2.3.2)又称为直流负载方程(R_c 是直流的负载)。

(2)画出直流负载线确定静态工作点 Q。

有了两个线性方程,结合三极管的输入输出特性曲线,下面通过作图来确定放大器的静态工作点,如图 2.3.4 所示。可见,利用图解法对放大器进行静态分析,同样可以确定放大器的静态工作点 Q。

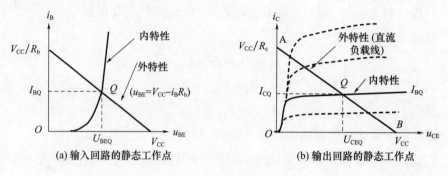

(a) 输入回路的静态工作点　　　(b) 输出回路的静态工作点

图 2.3.4

上述两种方法:近似估算法便于理解,简单方便;图解法形象直观。应重点掌握近似估算法。

三、动态分析

动态分析的目的是确定放大电路的主要技术指标,如电压放大倍数、输入电阻和输出电阻等。这种情况放大电路一定有输入信号,所以称为动态工作情况。动态分析常用的方法也有两种:一种是图解法;另一种是微变等效电路法。

1. 图解法

动态工作情况是在静态工作的基础上加交流电压进行的,动态分析所依据的电路是交流电路,下面还是以共射基本放大器为例进行讨论,为了分析问题的方便,仅画出共射基本放大器交流通路的输出回路部分,如图 2.3.5 所示。

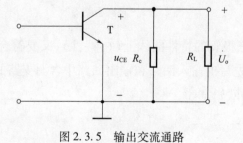

图 2.3.5　输出交流通路

(1)放大电路动态工作范围。

① 交流负载方程为

$$i_C = -u_{CE}/R'_L \tag{2.3.3}$$

式中：$R'_L = R_c // R_L$ 称为交流总负载。

由于在任何时候，放大器集电极电流和集电极至发射极间的电压都由瞬时值和静态值两部分叠加而成，所以又可以把它们用下列等式代替，即

$$i_c = i_C - I_{CQ} \tag{2.3.4}$$

$$u_{ce} = u_{CE} - U_{CEQ} \tag{2.3.5}$$

将式(2.3.4)、式(2.3.5)代入式(2.3.3)，得

$$i_C - I_{CQ} = -(u_{CE} - U_{CEQ})/R'_L \tag{2.3.6}$$

式(2.3.6)是一个线性方程，称为交流负载方程。

② 画交流负载线确定动态工作点的移动范围。

同理，有了交流负载方程，结合三极管的输出特性曲线，可以通过作图来确定放大器动态工作点的移动范围，如图 2.3.6 所示，放大器工作时，动态工作点在 Q_1 与 Q_2 之间移动，移动的范围由 i_B 的变化范围决定，放大器在工作时，工作点始终在一定的范围内移动。

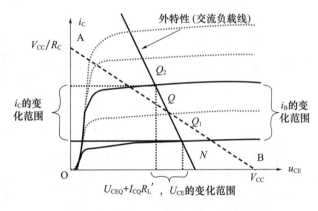

图 2.3.6　交流负载线与动态工作点的移动范围

不难看出，交流负载线通过两点：一点是静态工作点 $Q(I_{CQ}、U_{CEQ})$；另一点是 $N(0、U_{CEQ} + I_{CQ}R'_L)$。一定要牢记这两个点，这是做交流负载线的关键。需要指出的是：当不接负载($R_L = \infty$)时，直流负载线和交流负载线重合为一条直线；当接上 R_L 时，交流负载线可用来确定放大器动态工作点的移动范围。

(2) 用图解法分析放大器的非线性失真。

静态工作点 Q 选择过高或过低均会引起失真，过高会引起饱和失真，过低会引起截止失真，下面通过图解法来分析。

① 截止失真。如果静态工作点选择过低，则在输入信号的负半周，三极管的动态工作点会进入截止区，使 i_B、i_C 等于零，因而引起 i_C 负半周顶部和 u_{CE} 正半周顶部被削波，这种现象称为截止失真，如图 2.3.7 所示。

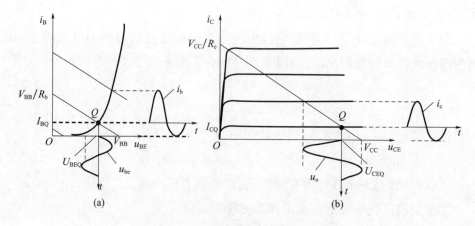

图 2.3.7 基本共射放大电路的截止失真

②饱和失真。如果静态工作点选择过高,则在输入信号的正半周,三极管的动态工作点会进入饱和区,若 i_B 继续增大,i_C 不再增大,因而引起 i_C 正半周顶部和 u_{CE} 负半周底部被削波,这种现象称为饱和失真,如图 2.3.8 所示。

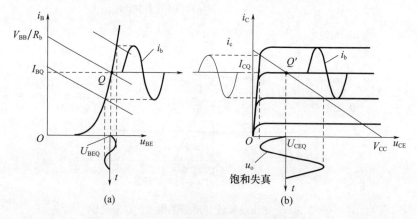

图 2.3.8 基本共射放大电路的饱和失真

(3)用图解法确定放大器的最大输出电压幅值。

由于静态工作点过高或过低都可能引起失真,因此为了避免失真,输出电压的幅值不能超过一定的限度,这就是研究输出最大电压幅值和动态范围的目的。最大输出电压幅值是指在电路参数一定的条件下,放大器输出端不产生截止失真和饱和失真的输出电压的幅值,用 U_{om} 表示,而把最大输出电压的峰–峰值称为放大器的"输出动态范围",用 U_{PP} 表示。

下面结合图示来分析放大器的最大输出电压幅值和输出动态范围。如图 2.3.9 所示,为使放大器不产生饱和失真,输出电压的幅值应不大于 U_{om},为使放大器不产生截止失真,输出电压的幅值应不小于 U_{on},图中 $U_{on} \leqslant U_{om}$,所以放大器的输出电压受截止失真的限制。最大不失真输出电压的幅值 $U_{om} = U_{on}$。反之,如果 $U_{on} > U_{om}$,则 $U_{om} = U_{on}$。从图中也可得出以下计算公式:

$$U_{on} = I_{CQ}R'_L$$
$$U_{om} = U_{CEQ} - U_{CES}$$

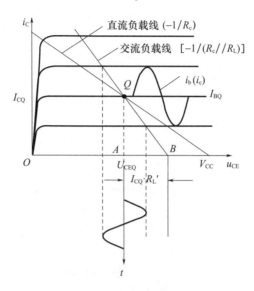

图 2.3.9　直流负载线和交流负载线

2. 微变等效电路法

图解分析法的优点在于形象直观,但也有一定的局限性:一是对于小信号工作的放大器用图解法分析时误差较大(作图本身的误差和三极管特性曲线本身的误差);二是对于较复杂的电路(负反馈放大器),用图解法分析比较困难。下面分析放大器的另一种方法——微变等效电路法。

微变等效电路法是一种比较简单且用途很广的分析方法。当放大器工作在小信号状态时,非线性的三极管可以用线性的等效电路代换,代换后的放大器将转换成一个线性电路,然后利用这个线性电路来计算放大器的一些性能指标,这种分析放大器的方法称为微变等效电路法。

(1) 三极管的微变等效电路。

如图 2.3.10 所示是三极管的输入和输出特性曲线,从图中不难看出,在静态工作点 Q 附近不大的区域内,可以将曲线近似地看成直线,这就充分说明了在小信号条件下,三极管各极交流电流、电压间的关系基本上是线性的(成正比),所以可以把三极管用线性电路代替,如图 2.3.11 所示。从图 2.3.11 中不难看出,对于交流小信号来说,三极管基极 b 到发射极 e 之间相当于一个电阻 r_{be};三极管集电极 c 到发射极 e 之间相当于一个恒流源,其电流为基极电流的 β 倍。

那么怎样来确定 r_{be} 和 β 的大小呢？

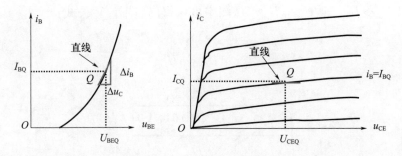

图 2.3.10 静态工作点 Q 点附近近似为直线

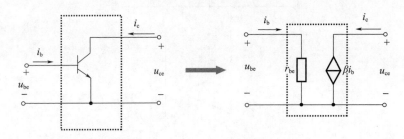

图 2.3.11 三极管的微变等效电路

① r_{be} 的计算。从三极管的输入特性曲线上不难看出，r_{be} 的大小与放大器的静态工作电压有关，可以通过作图求得，也可用公式求得，即

$$r_{be} = \frac{\Delta u_{BE}}{\Delta i_B} \approx r_{bb'} + (1+\beta)\frac{U_T}{I_{EQ}}$$

式中：$r_{bb'}$ 为三极管基区体电阻，低频小功率管约为 300Ω，高频小功率管约为几十欧姆。

② β 的确定。β 是三极管的共发射极交流电流放大系数，可以通过测量得到或由特性曲线作图求得，即

$$\beta = \Delta i_c / \Delta i_B = i_c / i_b$$

（2）放大器的微变等效电路。

把小信号放大器中的三极管进行微变等效得到的电路称为放大器的微变等效电路。这种等效电路实际上是把放大器交流通路中的三极管进行微变等效后得到的，它是分析小信号放大电路的交流性能常用的电路，必须掌握。

画小信号放大器微变等效电路的步骤：

① 先画出放大器的交流通路。

② 将交流通路中的三极管用其等效电路代替。

注意：为了分析放大器的方便，应在放大器微变等效电路中按规定标出输入

和输出电压、电流的极性和方向,并用字母注明。

得到了放大器的微变等效电路,就可以用分析线性电路的方法来分析计算放大器的各个交流分量以及性能指标。

(3)放大电路主要参数的计算。

如图2.3.12所示,图(a)为共射基本放大器的原理电路,图(b)为图(a)的交流等效电路,图(c)为图(a)的微变等效电路。下面来讨论它的主要性能指标。

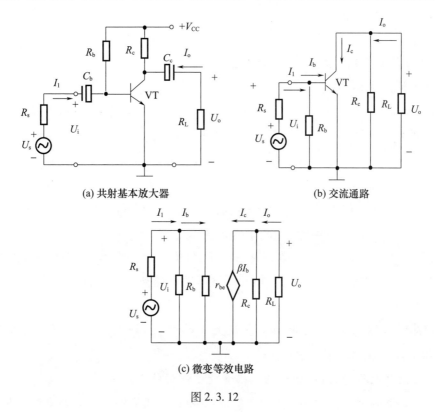

图 2.3.12

① 输入电阻 R_i。

由微变等效电路可知

$$R_i = U_i / I_i = R_b // r_{be} = (R_b r_{be}) / (R_b + r_{be})$$

② 输出电阻 R_o。

$$R = R_c$$

③ 电压放大倍数 A_u。

$$U_i = I_b r_{be}$$
$$U_o = -I_c (R_c // R_L) = -I_c R'_L$$

所以

$$A_u = U_o / U_i = [-I_c R'_L] / I_b r_{be} = -\beta R'_L / r_{be}$$

上式中的"-"号说明:在规定的电压正方向下,输出电压 U_o 与输入电压 U_i 反相;电压放大倍数 A_u 与三极管参数(I_{EQ})有关。

$$r_{be} = \frac{\Delta u_{BE}}{\Delta i_B} \approx r_{bb'} + (1+\beta)\frac{U_T}{I_{EQ}} \approx 300 + (1+\beta)\frac{26}{I_{EQ}}(\Omega)$$

④源电压放大倍数 A_{us}。

源电压放大倍数实际上就是对信号源电压的放大倍数,或说是考虑信号源内阻时的电压放大倍数:

$$A_{us} = U_o/U_s = (U_i/U_s)(U_o/U_i) = [R_i/(R_i + R_s)]A_u$$

式中:$R_i/(R_i+R_s)$ 称为输入端分压系数。

⑤电流放大倍数 A_i。

因为
$$I_b = R_b/(R_b + r_{be})I_i$$
$$I_o = R_c/(R_c + R_L)I_c$$

所以
$$A_i = I_o/I_i = [R_c/(R_c+R_L)I_c]/\{I_b/[R_b/(R_b+r_{be})]\}$$
$$= [R_c/(R_c+R_L)]\beta[R_b/(R_b+r_{be})]$$

式中:$R_b/(R_b+r_{be})$ 称为输入端分流系数;$R_c/(R_c+R_L)$ 称为输出端分流系数。

上述两种方法:图解法形象直观,微变等效电路法简单方便。应重点使用微变等效电路法。

【例1】在图 2.3.12 所示的单管放大电路中,已知 $V_{CC} = 15V$,$R_b = 300k\Omega$,$R_c = 3k\Omega$,$\beta = 50$,试求:

(1)放大电路静态值;并说明三极管处于何种状态。

(2)如果偏置电阻 R_b 由 300kΩ 减至 120kΩ,三极管的工作状态有何变化?

解:(1)求放大电路静态值,作直流通路如图 2.3.13 所示。

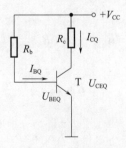

图 2.3.13 直流通路

$$I_{BQ} = \frac{V_{CC} - U_{BE}}{R_b} \approx \frac{15 - 0.7}{300 \times 10^3} \approx 0.0477\text{mA}$$

$$I_{CQ} \approx \beta I_{BQ} \approx 50 \times 0.0477 \approx 2.38\text{mA}$$
$$U_{CEQ} \approx V_{CC} - I_{BQ}R_C$$
$$\approx 15 - 2.38 \times 3 \times 10^3$$
$$\approx 7.86\text{V} > 0.7\text{V}$$

三极管处于放大状态。

(2) 如果偏置电阻 R_b 由 300kΩ 减至 120kΩ,则

$$I_{BQ} = \frac{V_{CC} - U_{BE}}{R_b} \approx \frac{15 - 0.7}{120 \times 10^3} \approx 0.12\text{mA}$$

$$I_{CQ} \approx \beta I_{BQ} \approx 50 \times 0.12 \approx 6.0\text{mA}$$

$$U_{CEQ} \approx V_{CC} - I_{BQ}R_C \approx 15 - 6 \times 3 \times 10^3 \approx -3\text{V} < 0.7\text{V}$$

三极管处于饱和状态。

1. 放大电路的分析方法有几种？各有什么特点？
2. 对于低频小信号用什么方法来分析？为什么？
3. 如何估算三极管的等效值？

第四节　放大电路静态工作点的稳定

相关知识

　　静态工作点的不稳定原因是多方面的,如环境温度的变化、晶体管的更换、电路中元件的老化及电源的波动等,都可能使放大电路的静态工作点发生变化。若工作点变动较大,接近或进入饱和区或截止区,就会使输出的波形严重失真,电路的放大状态变得不正常,因此,静态工作点的稳定是十分必要的。

一、设置静态工作点的稳定的必要性

　　既然放大电路要放大的对象是动态信号,那么为什么要设置静态工作点呢？为了说明这一问题,不妨将基极电源去掉,如图 2.4.1 所示,电源 $+V_{CC}$ 的负极接"地"。

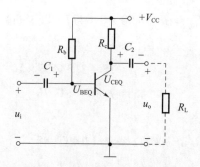

图 2.4.1　没有设置合适的静态工作点

在图 2.4.1 所示电路中,静态时将输入端短路,必然得出 $I_{BQ}=0$、$I_{CQ}=0$、$U_{CEQ}=V_{CC}$ 的结论,因而晶体管处于截止状态。当加入输入电压 u_i 时,$u_{AB}=u_i$,若其峰值小于 b、e 间开启电压 U_{on},则在信号的整个周期内晶体管始终工作在截止状态,因而输入电压毫无变化;即使 u_i 的幅值足够大,晶体管也只可能在信号正半周大于 U_{on} 的时间间隔内导通,所以输出电压必然严重失真。

对于放大电路的最基本要求,一是不失真,二是能够放大。如果输出波形严重失真,则放大毫无意义。只有在信号的整个周期内晶体管始终工作在放大状态,输出信号才不会产生失真。因此,设置合适的静态工作点以保证放大电路不产生失真是非常必要的。

应当指出,Q 点不仅影响电路是否会产生失真,而且影响放大电路几乎所有的动态系数,这些将在后面详细说明。

1. 放静态分析

静态分析的目的就是确定放大电路的静态工作点 I_{BQ}、U_{BEQ}、I_{CQ}、U_{CEQ},这些量都是直流分量,故用放大电路的直流通路来分析计算。

下面对图 2.4.1 所示共射放大电路进行静态分析。

画出图 2.4.1 所示放大电路的直流通路,如图 2.4.2 所示。

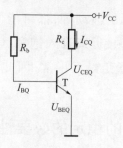

图 2.4.2　直流通路

然后对放大电路的静态工作点进行以下估算,硅管取 $U_{BEQ}=0.7\text{V}$,锗管取 $U_{BEQ}=0.3\text{V}$。

$$I_{BQ} = \frac{V_{CC} - U_{BEQ}}{R_b}$$

当 $V_{CC} \gg U_{BEQ}$ 时,有

$$I_{BQ} \approx \frac{V_{CC}}{R_b}$$

$$I_{CQ} = \beta I_{BQ}$$

$$U_{CEQ} = V_{CC} - I_{CQ}R_c$$

I_B、I_C 和 U_{CE} 代表的工作状态称为静态工作点,用 Q 表示。

在测试基本放大电路时,往往测量三个电极对地的电位 U_B、U_E 和 U_C,即可确定三极管的工作状态。

2. 动态分析

动态分析的目的就是确定放大电路的电压放大倍数 A_u、输入电阻 R_i 和输出电阻 R_o,这些量与放大电路的交流分量有关,故可以用放大电路的交流通路来分析计算。但在交流通路中三极管是非线性元件,这给电路的分析计算带来了一定的困难,为此必须把三极管等效成线性电路。等效的关键是将非线性元件三极管线性化,这需要满足一定的条件,其条件就是信号的变化范围要小,故称为三极管的微变等效(小信号等效)。将交流通路中的三极管用微变等效电路代替后,所得到的电路就是放大电路的微变等效电路,利用这个电路就可以方便地计算出电压放大倍数 A_u、输入电阻 R_i 和输出电阻 R_o 了。

画出交流通路,再把三极管用微变等效电路代替后就得到了放大电路的微变等效电路,所以画放大电路微变等效电路的关键是画三极管的微变等效电路。

如图 2.4.3(a)所示,从三极管的输入端看,b、e 间加电压 u_{be} 时就产生一个基极电流 i_b,从效果上看,b、e 间相当于一个等效电阻 r_{be},即三极管的输入电阻 $r_{be} = u_{be}/i_b$,其估算公式为

$$r_{be} = 300 + (1 + \beta)\frac{26}{I_{EQ}}\Omega$$

从三极管输出端看,在放大状态时,集电极电流比基极电流增大了 β 倍,所以 c、e 间相当于一个受控电流源,其大小 $i_c = \beta i_b$。

综上所述,把三极管输入和输出等效电路结合起来,就得到了三极管的微变等效电路,如图 2.4.3(b)所示。

下面对图 2.4.4 所示共射放大电路进行动态分析。

画出图 2.4.1 所示放大电路的交流通路,如图 2.4.4(a)所示。进一步画出它的微变等效电路,如图 2.4.4(b)所示。然后对放大电路的动态参数进行估算。

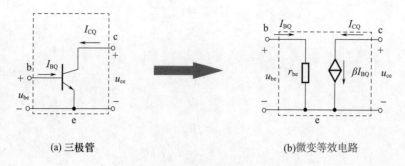

(a) 三极管　　　　　　　　　(b)微变等效电路

图 2.4.3　三极管及其微变等效电路

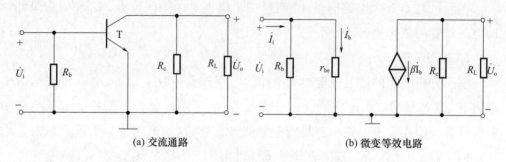

(a) 交流通路　　　　　　　　(b) 微变等效电路

图 2.4.4　共射放大电路的等效电路

(1)电压放大倍数 A_u。

$$A_u = \frac{u_o}{u_i} = \frac{i_c R'_L}{i_b r_{be}} = \frac{\beta i_b R'_L}{i_b r_{be}} = \frac{-\beta R'_L}{r_{be}}$$

式中:" - "表示输出电压与输入电压反相;r_{be} 为三极管 b、e 间的微变等效电阻,在小信号放大电路中,通常约为 1kΩ;R'_L 为放大电路的交流总负载,$R'_L = R_c /\!/ R_L$。

放大电路输出端未接负载时,$R'_L = R_c$,此时电压放大倍数为

$$A_u = \frac{-\beta R_c}{r_{be}}$$

因为 $R_c > R'_L (R'_L = R_c /\!/ R_L)$,所以放大电路接上负载后,电压放大倍数将下降,即输出电压减小。

(2)输入电阻 R_i。

$$R_i = \frac{u_i}{i_i} = R_b /\!/ r_{be} = \frac{R_b r_{be}}{R_b + r_{be}}$$

一般情况下有 $R_b \gg r_{be}$,则

$$R_i \approx r_{be}$$

(3)输出电阻 R_o。

$$R_i = R_c$$

【例1】共射放大电路如图 2.4.5 所示,三极管为硅管,$\beta = 50$。已知 $V_{CC} = 20\text{V}, R_b = 510\text{k}\Omega, R_C = R_L = 5.1\text{k}\Omega$,试求:

(1)画出直流通路,计算静态工作点;

(2)画出微变等效电路,估算电压放大倍数、输入电阻和输出电阻。

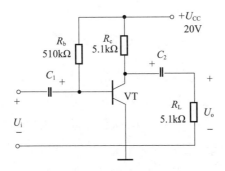

图 2.4.5 放大电路

解:(1)画出直流通路,如图 2.4.6(a)所示,计算静态工作点。

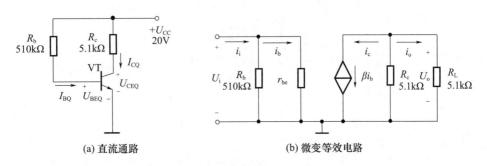

(a) 直流通路　　　　　　(b) 微变等效电路

图 2.4.6

$$I_{BQ} = \frac{V_{CC} - U_{BEQ}}{R_b} = \frac{20 - 0.7}{510} \approx 0.039\text{mA}$$

$$I_{CQ} = \beta I_{BQ} = 50 \times 0.039 = 1.95\text{mA}$$

$$U_{CEQ} = V_{CC} - I_{CQ}R_c = 20 - 1.95 \times 5.1 \approx 10.1\text{V}$$

(2)画出微变等效电路,如图 2.4.6(b)所示,估算动态参数。

$$r_{be} = 300 + (1+\beta)\frac{26}{I_{EQ}}$$

$$= 300 + (1+50)\frac{26}{1.95}$$

$$= 980(\Omega) = 0.98\text{k}\Omega$$

$$R'_L = R_L /\!/ R_c = \frac{R_L \times R_c}{R_L + R_c} = \frac{5.1 \times 5.1}{5.1 + 5.1} = 2.6\text{k}\Omega$$

$$A_u = \frac{-\beta R'_L}{r_{be}} = \frac{-50 \times 2.6}{0.98} \approx = -132.7$$

$$R_i = R_b // r_{be} = \frac{R_b r_{be}}{R_b + r_{be}} = \frac{510 \times 0.98}{510 + 0.98} \approx 0.98 \text{k}\Omega$$

$$R_o = R_c = 5.1 \text{k}\Omega$$

二、典型静态工作点的稳定的分压式共射放大电路

前面所讲的共射放大电路虽然电路简单,调试方便,电压放大倍数也较大,但是静态工作点很难稳定。电源电压的变化、温度的变化、三极管的老化和三极管的更换等都会引起 I_{CQ}、U_{CEQ} 的变化,从而影响放大电路的质量,更为严重的是产生非线性失真,这就要求稳定放大电路的静态工作点,即稳定 I_{CQ}。

稳定放大电路静态工作点的方法很多,常用的方法是反馈法。图 2.4.7 所示的共射放大电路,由于采用了分压式电流负反馈偏置电路,所以静态工作很稳定。在稳定静态工作点方面,该电路有以下两个特点:

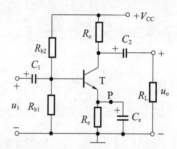

图 2.4.7 共射基本放大电路

(1)利用 R_{b1}、R_{b2} 分压来稳定基极电位。

由于满足 R_{b1}、R_{b2} 上的电流大于基极电流,这样基极电位就基本上是固定的,即

$$V_B \approx \frac{R_{b2}}{R_{b1} + R_{b2}} V_{CC}$$

(2)利用 R_e 来获得 I_{CQ} 变化的信号,引入(反馈)到输入端,实现静态工作点的自动调节,使其稳定。稳定过程为

温度 $T\uparrow \to I_{CQ}\uparrow \to I_{EQ}\uparrow \to V_E\uparrow \to U_{BEQ}\downarrow (U_{BE} = V_B - V_E\uparrow) \to I_{BQ}\downarrow \to I_{CQ}\downarrow$

电路静态工作点可以通过下式近似计算:

$$I_{CQ} \approx I_{EQ} = \frac{V_B - U_{BEQ}}{R_e}$$

通常满足 $V_E \gg U_{BEQ}$,在此条件下,有

$$I_{CQ} \approx I_{EQ} \approx \frac{V_B}{R_e}$$

$$U_{CEQ} \approx V_{CC} - I_{CQ}(R_c + R_e)$$

上述分析表明,图 2.4.7 放大电路的静态工作点不随温度的变化而变,而且与三极管参数无关。

【**例 2**】在图 2.4.7 所示电路中,已知 $V_{CC} = 12V$,$R_{b1} = 5k\Omega$,$R_{b2} = 15k\Omega$,$R_e = 2.3k\Omega$,$R_C = 5.1k\Omega$,$R_L = 5.1k\Omega$;晶体管的 $\beta = 50$,$r_{be} = 1.5k\Omega$,$U_{BE} = 0.7V$。试求:

(1)估算静态工作点 Q;

(2)求出动态参数 A_u、R_i 和 R_o;

(3)若 C_e 因虚焊而开路,则电路会产生什么现象?

解:(1)求静态工态点 Q,如图 2.4.8 所示。

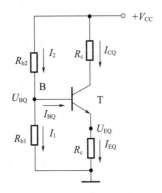

图 2.4.8 直流通路

$$U_{BQ} \approx \frac{R_{b1}}{R_{b1} + R_{b2}} \cdot V_{CC} = \left(\frac{5}{5+15} \cdot 12\right) = 3V$$

$$I_{EQ} = \frac{U_{BQ} - U_{BEQ}}{R_e} \approx \left(\frac{3 - 0.7}{2.3}\right) = 1mA$$

$$U_{CEQ} = V_{CC} - I_{CQ}R_c - I_{EQ}R_e$$
$$\approx V_{CC} - I_{EQ}(R_c + R_e) = [12 - 1 \times (5.1 + 2.3)] = 4.6V$$

$$I_{BQ} = \frac{I_{EQ}}{1+\beta} = \left(\frac{1}{1+100}\right) \approx 0.01mA = 10\mu A$$

(2)求出动态参数 A_u、R_i 和 R_o,作出交流通路和微变等交电路,如图 2.4.9 所示。

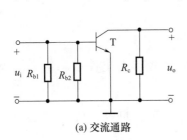
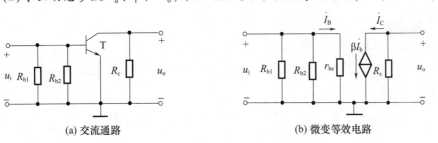

(a) 交流通路　　　　　　　　(b) 微变等效电路

图 2.4.9

$$\dot{A}_u = \frac{\dot{U}_o}{\dot{U}_i}$$

$$= \frac{-\beta \dot{I}_{BQ}(R_c // R_L)}{\dot{I}_{BQ} r_{be}} = \frac{\beta R'_L}{r_{BE}} = \frac{100 \times \dfrac{5.1 \times 5.1}{5.1 + 5.1}}{1.5} = -170$$

$$R_i = R_{b1} // R_{b2} // r_{be} \approx 1.07 \text{k}\Omega$$

$$R_o = R_c = 5.1 \text{k}\Omega$$

(3)若 C_e 因虚焊而开路,则其交流通路和微变等交电路如图2.4.10所示。

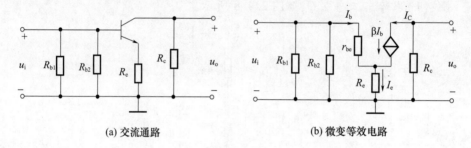

(a) 交流通路　　　　　　　　(b) 微变等效电路

图 2.4.10

$$\dot{A}_u = \frac{\dot{U}_o}{\dot{U}_i}$$

$$= \frac{-\beta \dot{I}_{BQ}(R_c // R_L)}{\dot{I}_{BQ} r_{be} + \dot{I}_{BQ} R_e} = -\frac{\beta R'_L}{r_{BE} + (1+\beta)R_e}$$

$$= -\frac{100 \times \dfrac{5.1 \times 5.1}{5.1 + 5.1}}{1.5 + (1+50) \times 2.3} \approx -1.7$$

$$R_i = R_{b1} // R_{b2} // [r_{be} + (1+\beta)R_e] \approx 3.75 \text{k}\Omega$$

$$R_o = R_c = 5.1 \text{k}\Omega$$

若 C_e 因虚焊而开路,则放大电路的放大倍数减小,输入电阻增大,输出电阻不变。

1. 为什么说静态工作点的稳定十分必要?造成静态工作点不稳定的因素有哪几方面?

2. 典型静态工作点稳定的分压式共射放大电路有哪些优点?

第五节 共集放大电路

相关知识

前面介绍了共射放大电路,本节介绍另一种用途很广泛的基本放大电路——共集放大电路,主要学习这种电路的组成,然后对电路进行分析,总结电路的特点,最后介绍这种电路的应用。

一、电路组成

图 2.5.1 所示电路是由 NPN 型三极管组成的共集放大电路。电路中 R_b 是基极偏置电阻,向三极管 VT 提供基极偏流 I_{BQ},使三极管工作在放大状态;R_e 为射极电阻,一是起稳定静态工作点的作用,二是总负载的一部分,没有 R_e 就没有输出电压。

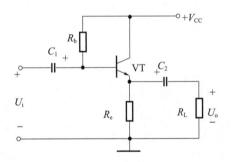

图 2.5.1 共集放大电路

二、静态工作点

共集放大电路直流通路十分简单,根据画直流通路的原则,可以很方便地画出它的直流通路,图 2.5.2 所示就是共集放大电路的直流通路。

从图中可以看出

$$U_{CC} = I_{BQ}R_b + U_{BEQ} + I_{EQ}R_e$$

由此可得

$$I_{BQ} = \frac{U_{CC} - U_{BEQ}}{R_b + (1+\beta)R_e}$$

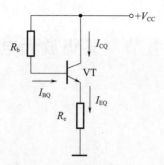

图 2.5.2 共集放大电路的直流通路

进而可以求得

$$I_{CQ} \approx \beta I_{BQ}$$
$$U_{CEQ} = U_{CC} - I_{EQ}R_e \approx V_{CC} - I_{CQ}R_e$$

三、主要指标分析

按照画交流通路的原则,画出交流通路,进而画出微变等效电路,如图 2.5.3 所示,由于这种放大电路输入电压 u_i 和输出电压 u_o 的公共端为集电极,故该电路又称为共集放大电路。

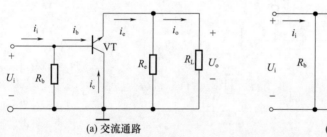

(a) 交流通路   (b) 微变等效电路

图 2.5.3 共集放大电路等效电路

下面对放大电路的动态参数进行估算。

1. 电压放大倍数 A_u

$$A_u = \frac{u_o}{u_i} = \frac{i_e R'_L}{i_b r_{be} + i_e R'_L} = \frac{(1+\beta)R'_L}{r_{be} + (1+\beta)R'_L}$$

式中:R'_L 为放大电路交流总负载,$R'_L = R_e // R_L$。

通常总能满足 $(1+\beta)R'_L \gg r_{be}$,此时有

$$A_u \approx \frac{(1+\beta)R'_L}{(1+\beta)R'_L} = 1$$

可见,共集放大电路电压放大倍数略小于1,或 $u_o \approx u_i$,这说明这种放大电路

的输出电压能如实地跟随输入电压的变化,因此该电路又称为射极跟随器,简称射随器。

2. 输入电阻 R_i

当不考虑基极偏置电阻 R_b 时,电路输入电阻为

$$R'_L = \frac{u_i}{i_b} = \frac{i_b r_{be} + i_e R'_L}{i_b} = \frac{i_b [r_{be} + (1+\beta) R'_L]}{i_b} = r_{be} + (1+\beta) R'_L$$

当考虑基极偏置 R_b 时,电路的实际输入电阻为

$$R_i = \frac{u_i}{i_i} = R_b // R'_i$$

由于 R'_i、R_b 都很大,所以这种放大电路的实际输入电阻 R_i 很大。输入电阻大是射随器的重要优点之一。

3. 输出电阻 R_o

射随器的输出电阻求起来比较复杂,在这里只给出计算公式,即

$$R_o = R_e // \left(\frac{r_{be} + R'_S}{1+\beta} \right)$$

式中:$R'_S = R_S // R_b$,R_S 为信号源内阻。

电路通常能满足

$$\frac{r_{be} + R'_S}{1+\beta} \ll R_e$$

在此条件下,有

$$R_o \approx \frac{r_{be} + R'_S}{1+\beta}$$

可见,射随器输出电阻与三极管的参数及信号源内阻有关。当满足信号源的内阻 R_S 不太大、三极管 β 值不太小时,射随器输出电阻很小,这很容易满足。所以说射随器输出电阻小,带负载能力强,这是射随器的又一优点。

四、共集放大电路的应用

通过前面的分析知道,共集放大电路具有输入电阻高、输出电阻低的优点,因此在多级电路中得到了广泛的应用。

(1)用于多级放大电路的第一级,由于射随器输入电阻高,向信号源索取的电流小,因此对信号源的影响小。

(2)用于多级放大电路的最后一级,由于射随器输出电阻小,带负载能力强,因此能保证负载获得足够功率。

(3)用于两级放大电路之间,可以起到在降低前级放大电路输出电阻的同

时提高后级放大电路输入电阻的作用,即起缓冲隔离作用,它使前后两级放大电路之间影响减小,提高了电路的性能。

集电极放大电路与共射放大电路有何不同？它具有什么特点？

第六节 共基放大电路

前面介绍了共射、共集放大电路,它们是组成复杂放大电路的基础,用途广泛。本节介绍三种基本放大电路中的最后一种——共基放大电路。这种放大电路主要用在高频或宽带放大电路中,在低频放大电路中很少采用,这里只作简单介绍。本节主要介绍这种电路的组成、特点及应用。

一、电路组成

图 2.6.1 所示电路是由 NPN 型三极管组成的共基极放大电路。电路中 R_c 是集电极电阻, R_{b1} 和 R_{b2} 是基极偏置电阻, R_e 是发射极电阻。

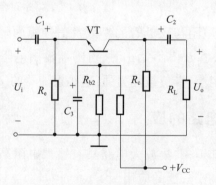

图 2.6.1 共基放大电路

图 2.6.2 是共基放大电路的直流通路,该电路的直流通路采用分压式电流负反馈偏置电路,这在共射放大电路中已经讲过,这种偏置电路的优点就是静态工作点比较稳定。

图 2.6.3 是共基放大电路的交流通路,由于这种放大电路输入电压 u_i 接在

发射极和基极之间,输出电压 u_o 接在集电极和基极之间,它们的公共端在基极,故该电路又称为共基极放大电路。

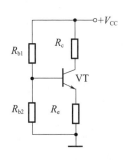
图 2.6.2　直流通路

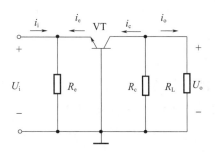
图 2.6.3　交流通路

二、电路的特点及应用

通过对共基放大电路的动态分析可知:共基放大电路的特点是输入电阻低,输出电阻高,电压放大倍数和共射放大电路差不多,但没有电流放大能力。这些特点和共集放大电路正好相反,所以有些场合很需要这样的放大电路,如高频放大电路和宽带放大电路,由于共基放大电路的输入电阻低,结电容对信号的影响小,频率特性好,这些都是高频和宽带放大电路所需要的。另外,因为共基放大电路输出电阻高,所以还可用作恒流源。

基极放大电路与集电极放大电路、共射放大电路各有何不同?它具有什么特点?

▪▪▪▪▪▪ 本章小结 ▪▪▪▪▪▪

1. 放大电路的功能是把微弱的电信号放大,其核心器件是三极管。

2. 放大的本质是在输入信号的作用下,通过有源元件对直流电源的能量进行控制和转换,使负载从电源中获得的输出信号能量比信号源向放大电路提供的能量大得多。

3. 为了保证信号有效不失真地放大,放大电路应建立合适的静态工作点。静态工作点是放大电路正常工作的基础,可由直流通路对电路进行静态分析确定。

4. 电压放大倍数、输入电阻和输出电阻是放大电路的重要指标,在研究低频小信号放大电路时更少不了。

5. 放大电路的组成原则如下。

(1)放大电路的核心元件是有源元件,即晶体管。

(2)正确的直流电源电压数值、极性与其他电路参数应保证晶体管工作在放大区,即建立起合适的静态工作点,保证电路不失真。

(3)输入信号应能够有效地作用于有源元件的输入回路,及晶体管的 b—e 回路;输出信号能够作用于负载之上。

6. 放大电路的分析方法。放大电路分析应遵循"先静态、后动态"的原则,只有静态工作点合适,动态分析才有意义。

(1)静态分析就是求解静态工作点 Q,在输入信号为零时,晶体管各电极间的电流与电压就是 Q 点。可用估算法或图解法求解。

(2)动态分析就是求解各动态参数和分析输出波形。通常利用等效电路计算小信号作用时的 A_u、R_i 和 R_o,利用图解法分析 U_{om} 和失真情况。

7. 环境温度的变化、晶体管的更换、电路中元件的老化及电源的波动等原因,都可能使放大电路的静态工作点发生变化,造成静态工作点的不稳定。

8. 单个三极管可以构成三种基本的放大电路,即共射放大电路、共集放大电路和共基放大电路,这三种放大电路又叫放大电路的三种组态,共发射极放大电路是最基本、最常见的放大电路。

(1)共射放大电路既能放大电流又能放大电压,其输入电阻具三种电路之中,输出电阻较大,适用于一般放大。

(2)共集放大电路也称为射随器。只放大电流不放大电压,该电路因输入电阻高而常作为多级放大电路的输入级,因输出电阻低而常作为多级放大电路的输出级,因电压放大倍数接近1而用于信号的跟随。

(3)共基放大电路只放大电压不放大电流,具有输入电阻低、输出电阻高和频率特性好的特点,适用于宽频带放大电路。

习题二

一、填空题

1. 放大电路又称为_____,它的功能是把微弱的电信号转换成电信号。

2. 按照三极管连接方式的不同,可组成_____、_____和_____三种基本放大电路。

3. 某放大电路的输入电压为 20mV，输出电压为 2V，则电压放大倍数为_____。

4. 共射放大电路中，输出电压负半周出现平顶是失真，消除方法是_____。

5. 对于直流通路而言，放大电路中的耦合电容和旁路电容可视为_____；对于交流通路而言，放大电路中的耦合电容和旁路电容可视为_____，直流电源可视为_____。

6. 射随器的特点是电压放大倍数，输入电压与输出电压相位_____，输入电阻_____，输出电阻_____。

二、选择题

1. 放大电路中的交流分量规定用_____表示。
A. 大写字母大写下标　　　　　　　B. 大写字母小写下标
C. 小写字母小写下标

2. 放大电路中的总量（瞬时值）规定用_____表示。
A. 大写字母大写下标　　　　　　　B. 大写字母小写下标
C. 小写字母大写下标

3. 放大电路中的直流分量规定用_____表示。
A. 大写字母大写下标　　　　　　　B. 大写字母小写下标
C. 小写字母小写下标

4. 在共射放大电路中，_____输出电压是截止失真。
A. 正、负半周均出现平顶　　　　　B. 正半周出现平顶
C. 负半周出现平顶

5. _____又称为射随器。
A. 共基放大电路　　　B. 共射放大电路　　　C. 共集放大电路

6. _____输出电压约等于输入电压。
A. 共基放大电路　　　B. 共射放大电路　　　C. 共集放大电路

7. _____具有输入电阻高、输出电阻低的特点。
A. 共基放大电路　　　B. 共射放大电路　　　C. 共集放大电路

三、是非题

1. 电压放大倍数，反映了放大电路对信号电压的放大能力。（　　）

2. 输入电阻越大，放大电路从信号源索取的电流就越大，对信号源的影响

就越大。( )

3. 共射放大电路中饱和失真截止失真都属于非线性失真。( )
4. 共射放大电路中输出电压与输入电压相位相同。( )
5. 共射放大电路的电压放大倍数,在接入负载后将下降。( )
6. 共集放大电路电压放大倍数很大,主要用于电压放大。( )
7. 射随器电压放大倍数略小于1,所以它没有放大能力。( )
8. 电路只有既放大电流又放大电压,才称其有放大作用。( )
9. 可以说任何放大电路都有功率放大作用。( )
10. 放大电路中输出的电流和电压都是由有源元件提供的。( )
11. 电路中各电量的交流成分是交流信号源提供的。( )
12. 放大电路必须加上合适的直流电源才能正常工作。( )
13. 由于放大的对象是变化量,所以当输入信号为直流信号时,任何放大电路的输出都毫无变化。( )
14. 只要是共射放大电路,输出电压的底部失真就是饱和失真。( )

四、作图分析与计算题

1. 分别改正图2-1所示各电路中的错误,使它们有可能放大正弦波信号。要求保留电路原来的共射接法和耦合方式。

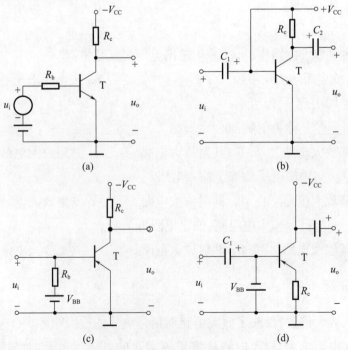

图2-1

2. 试分析图 2-2 所示各电路是否能够放大正弦交流信号,简述理由。设图中所有电容对交流信号均可视为短路。

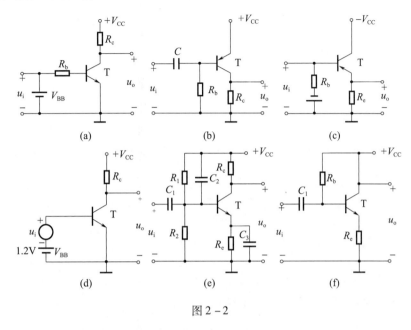

图 2-2

3. 在共射放大电路测得输出波形如图 2-3(a)、(b)、(c)所示,试说明电路分别产生了什么失真,如何消除。

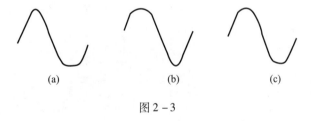

图 2-3

4. 电路如图 2-4 所示,已知晶体管 $\beta=50$,在下列情况下,用直流电压表测晶体管的集电极电位,应分别为多少?设 $V_{CC}=12V$,晶体管饱和管压降 $U_{CES}=0.5V$。

(1)正常情况;(2)R_{b1} 短路;(3)R_{b1} 开路;(4)R_{b2} 开路;(5)R_C 短路。

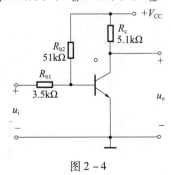

图 2-4

5. 已知图 2-5 所示电路中晶体管的 $\beta=100$，$r_{be}=1\text{k}\Omega$。

(1) 现已测得静态管压降 $U_{CEQ}=6\text{V}$，估算 R_b 为多少千欧；

(2) 若测得 $\dot{U}_i$ 和 $\dot{U}_o$ 的有效值分别为 1mV 和 100mV，则负载电阻 R_L 为多少千欧？

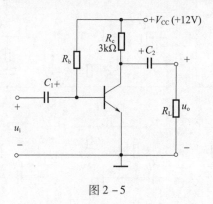

图 2-5

6. 电路如图 2-6 所示，晶体管的 $\beta=100$，$r_{bb'}=100\Omega$。

(1) 求电路的 Q 点、$\dot{A}_u$、R_i 和 R_o；

(2) 若电容 C_e 开路，则将引起电路的哪些动态参数发生变化？如何变化？

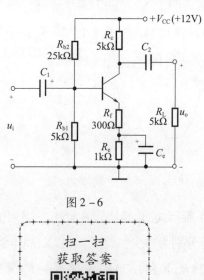

图 2-6

第三章 多级放大电路

 本章问题提要

1. 单管放大电路为什么不能满足多方面性能的要求?
2. 如何将多个单级放大电路连接成多级放大电路?各种连接方式有什么特点?
3. 多级放大电路的动态参数与组成它的各个单级放大电路有什么关系?
4. 直接耦合放大电路的特殊问题是什么?如何解决?
5. 差分放大电路与其他基本放大电路有什么区别?为什么它能抑制零点漂移?
6. 直接耦合放大电路输出级的特点是什么?

单级放大电路一般可将信号电压放大几十倍。然而,在实际应用中,往往要把毫伏级甚至微伏级的微弱信号放大几千倍乃至上万倍。这就需要把多个单级放大电路串接起来,构成多级放大电路,把微弱信号逐级放大,最终获得符合要求的输出信号。

本章先介绍多级放大电路的连接方式和多级放大电路的动态分析,然后重点学习差分放大电路。

第一节 多级放大电路的耦合方式和动态放大

 **相关知识**

在实际应用中,常对放大电路的性能提出多方面的要求。例如,要求一个放大电路输入电阻大于2MΩ,电压放大倍数大于2000,输出电阻小于100Ω 等,仅

靠前面所讲的任何一种放大电路都不可能同时满足上述要求。这时可以选择多个基本放大电路,并将它们合理连接,从而构成多级放大电路。

一、多级放大电路的组成

根据对多级放大电路中各部分放大电路的不同要求,可把多级放大电路分为三部分,如图 3.1.1 所示。

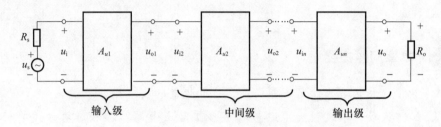

图 3.1.1　多级放大电路组成方框图

通常把与信号源相连接的第一级放大电路称为输入级。对于输入级,一般采用输入阻抗较高的放大电路,以便从信号源获得较大的电压输入信号并对信号进行放大。

与负载相连接的末级放大电路称为输出级,输出级是大信号放大,提供给负载足够大的信号,以驱动负载工作,常采用功率放大电路。

输出级与输入级之间的放大电路称为中间级,中间级主要实现电压信号的放大,一般要用几级放大电路才能完成信号的放大。输入级与中间级的位置处于多级放大电路的前几级,故又称为前置级。前置级一般属于小信号工作状态,主要进行电压放大。

二、多级放大器的耦合方式

把多级放大器之间连接起来就称为耦合,组成多级放大电路的每一个基本放大电路称为一级,级与级之间的连接称为级间耦合。多级放大电路有四种常见的耦合方式:直接耦合、阻容耦合、变压器耦合和光电耦合。

1. 直接耦合

多级放大电路中各级之间直接(或通过电阻)连接的方式,称为直接耦合。

直接耦合放大电路结构简单、便于集成化,既能放大变化十分缓慢的直流信号又能放大交流信号,所以在集成电路中获得了广泛的应用。

两级直接耦合放大电路如图 3.1.2 所示。采用直接耦合,各级的静态工作点将相互影响。如图中 T_1 管的 V_{CE1} 受到 V_{BE2} 的限制,仅有 0.7V 左右。因此,第一级输出电压的幅值将很小。为了保证第一级有合适的静态工作点,必须提高 T_2 管的发射极电位,为此,可在 T_2 的发射极接入电阻、二极管或稳压管等。

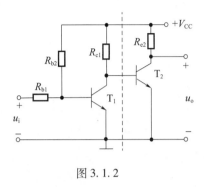

图 3.1.2

在直接耦合放大电路中,常用由 NPN 型和 PNP 型晶体管组成的直接耦合放大电路,如图 3.1.3 所示。

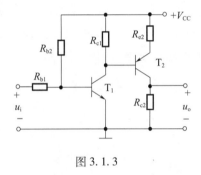

图 3.1.3

直接耦合放大电路还存在另一个突出问题,即零点漂移,其解决方法将在差分放大电路中进行讨论。

2. 阻容耦合

将放大电路的前级输出端通过电容接到后级输入端,称为阻容耦合方式,图 3.1.4 所示为两级阻容耦合放大电路,第一级为共射放大电路,第二级为共集放大电路。

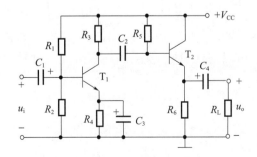

图 3.1.4 两级阻容耦合放大电路

由于电容对直流量的电抗为无穷大,因此阻容耦合放大电路各级之间的直流通路各不相通,各级的静态工作点相互独立,在求解或实际调试 Q 点时可按单级处理,所以电路的分析、设计和调试简单易行。而且,只要输入信号频率较高,耦合电容容量较大,前级的输出信号就可以几乎没有衰减地传递到后级的输入端,因此,分立元件电路阻容耦合方式得到了非常广泛的应用。

阻容耦合放大电路的低频特性差,不能放大变化缓慢的信号。这是因为电容对这类信号呈现出很大的容抗,信号的一部分甚至全部都衰减在耦合电容上,根本不向后级传递。此外,在集成电路中制造大容量电容很困难,甚至不可能,所以这种耦合方式不便于集成化。

注意:由于集成放大电路的应用越来越广泛,只有在特殊需要下,由分立元件组成的放大电路才可能采用阻容耦合方式。

3. 变压器耦合

将放大电路前级的输出端通过变压器接到后级的输入端或负载电阻上,称为变压器耦合。图 3.1.5(a)所示为变压器耦合共射放大电路,R_L 既可以是实际的负载电阻,也可以代表后级放大电路,图(b)是图(a)的交流等效电路。

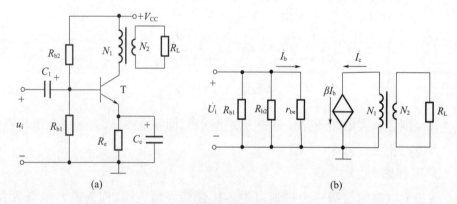

图 3.1.5

由于变压器耦合电路的前后级靠磁路耦合,所以与阻容耦合电路一样,它的各级放大电路的静态工作点相互独立,便于分析、设计和调试。而它的低频特性差;不能放大变化缓慢的信号,且非常笨重,更不能集成化。与前两种耦合方式相比,其最大特点是可以实现阻抗变换,因而在分立元件功率放大电路中得到了广泛的应用。

4. 光电耦合

光电耦合是以光信号为媒介来实现电信号的耦合和传递的,因抗干扰能力强而得到了越来越广泛的应用。

(1) 光电耦合器。光电耦合器是实现光电耦合的基本器件,它将发光元件(发光二极管)与光敏元件(光电三极管)相互绝缘地组合在一起,如图 3.1.6(a)所示。发光元件为输入回路,将电能转换成光能;光敏元件为输出回路,将光能再转换成电能,实现了两部分电路的电气隔离,从而可有效地抑制电干扰。在输出回路常采用复合管(也称林顿结构)形式,以增大放大倍数。

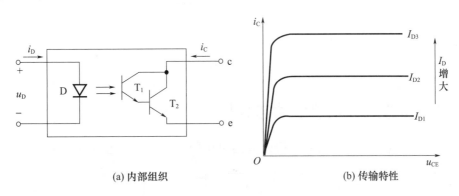

(a) 内部组织　　　　　　　　　　(b) 传输特性

图 3.1.6　光电耦合器及其传输特性

光电耦合器的传输特性如图 3.1.6(b)所示,它描述当发光二极管的电流为一个常量 I_D 时,集成电极电流 i_C 与管压降 u_{CE} 之间的函数关系,即

$$i_C = f(u_{CE})|_{i_D}$$

因此,与晶体管的输出特性一样,也是一组曲线。当管压降 u_{CE} 足够大时,i_C 几乎仅取决于 i_D。与晶体管的 β 相类似,在 c—e 之间电压一定的情况下,i_C 的变化量与 i_D 的变化量之比称为传输比 CTR,即

$$\mathrm{CTR} = \left.\frac{\Delta i_C}{\Delta i_D}\right|_{U_{CE}}$$

不过 CTR 的数值比 β 小得多,只有 0.1～1.5。

(2) 光电耦合放大电路。图 3.1.7 所示为光电耦合放大电路,信号源部分可以是真实的信号源,也可以是前级放大电路。当动态信号为零时,输入回路有静态电流 I_{DQ},输出回路有静态电流 I_{CQ},从而确定出静态管压降 U_{CEQ}。当有动态信号时,随着 i_D 的变化,i_C 将产生线性变化,电阻 R_c 将电流的变化转换成电压的变化。当然,u_{CE} 也将产生相应的变化。由于传输比的数值较小,所以在一般情况下,输出电压还需进一步放大。实际上,目前已有集成光电耦合放大电路,具有较强的放大能力。

在图 3.1.7 所示电路中,若信号源部分与输出回路部分采用独立电源且分别接不同的"地",则即使是远程信号传输,也可以避免受到各种电干扰。

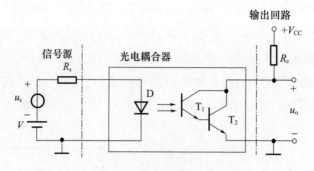

图 3.1.7　光电耦合放大电路

二、多级放大电路的动态分析

一个 n 级放大电路的交流等效电路可用图 3.1.8 所示方框图表示。

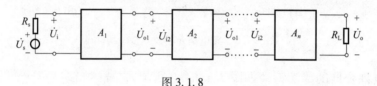

图 3.1.8

由图可知,放大电路中前级的输出电压就是后级的输入电压,即 $U_{o1} = U_{i2}$, $U_{o2} = U_{i3}, \cdots, U_{o(n-1)} = U_{in}$,所以,多级放大电路的电压放大倍数为

$$A_u = \frac{U_{o1}}{U_{i1}} \cdot \frac{U_{o2}}{U_{i2}} \cdots \cdots \frac{U_{on}}{U_{in}} = A_{u1}A_{u2}A_{u3}\cdots A_{un} = \prod_{i=1}^{n} A_i$$

即

$$A_u = \prod_{i=1}^{n} A_i$$

上式表明,多级放大电路的电压放大倍数等于组成它的各级放大电路电压放大倍数之积。对于第一级到第 $(n-1)$ 级,每一级的放大倍数均应该是以后级输入电阻做为负载时的放大倍数。

根据放大电路输入电阻的定义,多级放大电路的输入电阻就是其第一级的输入电阻,即

$$R_i = R_{i1}$$

根据放大电路的输出电阻的定义,多级放大电路的输出电阻等于最后一级的输出电阻,即

$$R_o = R_{on}$$

当多级放大电路的输出波形产生失真时,应首先确定是在哪一级先出现的失真,然后判断是饱和失真还是截止失真。

1. 多级放大电路的耦合方式有几种？各有什么特点？
2. 多级放大电路的输入电阻、输出电阻与哪级相关？

第二节　直接耦合放大电路

相关知识

工业控制中的很多物理量均为模拟量，如温度、流量、压力、液面、长度等，它们经过各种不同传感器转化成的电量也均为变化缓慢的非周期性信号，而且比较微弱，这类信号只有通过放大才能驱动负载；由于信号变化缓慢，所以采用直接耦合放大电路将其放大最为方便。本节主要介绍直接耦合放大电路存在的问题、解决方法以及基本电路形式。

一、直接耦合放大电路的零点漂移现象

1. 零点漂移现象及其产生的原因

人们在实验中发现，在直接耦合放大电路中，即使将输入端短路，用灵敏的直流表测量输出端，也会有变化缓慢的输出电压，如图 3.2.1 所示。这种输入电压（u_i）为零而输出电压（u_o）不为零且缓慢变化的现象，称为零点漂移现象。

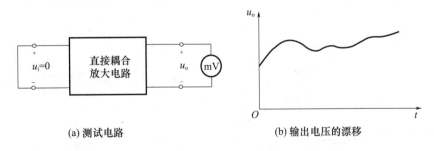

(a) 测试电路　　　　(b) 输出电压的漂移

图 3.2.1　零点漂移现象

在放大电路中，任何参数的变化，如电源电压的波动、元件的老化、半导体元件参数随温度变化而产生的变化，都将产生输出电压的漂移。在阻容耦合放大电路中，这种缓慢变化的漂移电压都将降落在耦合电容之上，不会传递到下一级

电路进一步放大。但是,在直接耦合放大电路中,由于前后级直接相连,前一级的漂移电压会和有用信号一起被送到下一级,而且逐级放大,以至于有时在输出端很难区分什么是有用信号、什么是漂移电压,放大电路不能正常工作。

采用高质量的稳压电源或使用经过老化实验的元件可以大大减少由此而产生的漂移。所以由温度变化所引起的半导体器件参数的变化是产生零点漂移现象的主要原因,因而也称零点漂移为温度漂移,简称温漂。在第二章中曾就温度对晶体管参数的影响问题进行过分析,这里不再赘述。

2. 抑制温度漂移的方法

对于直接耦合放大电路,如果不采取措施抑制温度漂移,那么其他方面的性能再优良,也不能成为实用电路。从某种意义上讲,零点漂移就是 Q 点的漂移。因此,在第二章中所讲到的稳定静态工作点的方法,也是抑制温度漂移的方法。抑制温度漂移的方法归纳如下:

(1) 在电路中引入直流负反馈,例如典型的静态工作点稳定电路(见图 3.2.4.8)中 R_e 所起的作用。

(2) 采用温度补偿的方法,利用热敏元件来抵消放大管的变化,例如图 3.2.2 所示电路中的二极管。

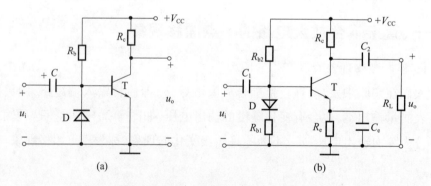

图 3.2.2　稳定静态工作点的措施

(3) 采用特性相同的管子,使它们的温漂相互抵消,构成"差分放大电路"。这个方法也可归结为温度补偿。

二、差分放大电路

差分放大电路是构成多级直接耦合放大电路的基本单元电路,它是由典型的工作点稳定电路演变而来的。

1. 差分放大电路的组成

如图 3.2.3 所示,就是一个基本式差动放大器。从结构上看,基本式差动放大器是将两个结构和参数完全相同（即 $\beta_1 = \beta_2 = \beta$，$V_{BE1} = V_{BE2} = V_{BE}$，$r_{be1} = r_{be2} = r_{be}$，$I_{CBO1} = I_{CBO2} = I_{CBO}$，$R_{c1} = R_{c2} = R_c$，$R_{b1} = R_{b2} = R_b$）的共射放大器组合而成的。在每管的基极各输入一个信号 u_{i1}，u_{i2}，而输出信号 U_o 从两管的集电极取得。

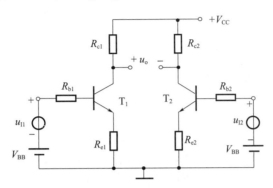

图 3.2.3　差动放大电路

2. 抑制零漂的原理

当输入电压 u_{i1}，u_{i2} 为零时，由于电路完全对称，两管的集电极回路就相当于一个平衡电桥，这时两管集电极对地的电压 U_{O1}、U_{O2} 相等，因此输出电压 U_O 等于零（$U_O = U_{O1} - U_{O2}$）。当温度变化或电源电压波动时，两管的静态工作点都要漂移，由于电路完全对称，集电极回路仍为一个平衡电桥，输出 U_O 仍为零。

可见，差动放大器能够较好地抑制零点漂移，其关键在于电路结构和参数的对称性。因此，严格选择元器件的性能参数以保证电路的对称性是制作差动放大器的首要条件，综上所述，基本式差动放大器抑制零漂的原理可以归纳为：基本差分放大器是靠电路的对称性抑制零点漂移的，单管仍然存在零漂。

3. 差模信号和共模信号

差模信号是指在两个输入端加上幅度相等、极性相反的信号，如图 3.2.4(a)所示。

共模信号是指在两个输入端加上幅度相等、极性相同的信号，如图 3.2.4(b)所示。

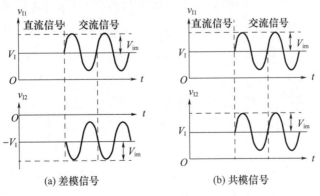

图 3.2.4　差模信号和共模信号示意图

4. 放大倍数

(1) 差模电压放大倍数。把需要放大的信号加在两管的基极，从两管的集电极输出，这时的电压放大倍数称为差模电压放大倍数，用 A_{ud} 表示。

信号的这种输入方式称为差模信号输入方式，其放大倍数为

$$A_{ud} = \frac{U_o}{U_i} = \frac{U_{O1} - U_{O2}}{U_{i1} - U_{i2}} = \frac{A_{u1}U_{i1} - A_{u2}U_{i2}}{U_{i1} - U_{i2}}$$

在电路对称时，有

$$A_{u1} = A_{u2} = A_u$$

所以

$$A_{ud} = \frac{A_u U_{i1} - A_u U_{i2}}{U_{i1} - U_{i2}} = A_u = A_{u1} = A_{u2}$$

结论：在电路对称时，基本差分放大电路差模电压放大倍数等于单管模输出电压放大倍数。

(2) 共模电压放大倍数。先把两管的基极连在一起，把需要放大的信号加在两管的基极和地之间，从两管的集电极输出，这时的电压放大倍数称为共模电压放大倍数，用 A_{uc} 表示。

信号的这种输入方式称为共模信号输入方式，其放大倍数为

$$A_{ud} = \frac{U_o}{U_i} = \frac{U_{O1} - U_{O2}}{U_i} = \frac{A_{u1}U_{i1} - A_{u2}U_{i2}}{U_i}$$

$$= \frac{(A_{u1} - A_{u2})U_i}{U_i} = A_{u1} - A_{u2}$$

在电路对称时，有

$$A_{u1} = A_{u2} = A_u$$

所以

$$A_{uc} = A_{u1} - A_{u2} = 0$$

结论：基本差分放大电路共模电压放大倍数，在电路对称时等于0。

刚才分别分析了基本差分放大电路的差模电压放大倍数和共模电压放大倍数，分析结果告诉我们，基本差分放大电路差模电压放大倍数很大，要放大的信号必须这样加在放大器上；共模电压放大倍数很小，在电路对称时等于零，这说明要放大的信号不能这样加，但它的大小反映了电路的对称性，电路越对称，共模电压放大倍数越小。

5. 共模抑制比

为了综合衡量差动放大器对差模信号（有用信号）的放大能力和对共模信号（无用信号）的抑制能力，作以下定义。

将差模放大倍数 A_{ud} 的绝对值与共模放大倍数 A_{uc} 的绝对值之比,定义为差动放大器的共模抑制比,用 K_{CMR} 表示,即

$$K_{CMR} = \left| \frac{A_{ud}}{A_{uc}} \right|$$

共模抑制比是衡量差分放大电路好坏的主要指标。

共模抑制比越大,差分放大电路的零漂越小,放大器质量越高。基本式差动放大器的共模抑制比一般不超过 40dB。

三、长尾差分放大电路

1. 差分放大电路的组成

如图 3.2.5 所示,和基本式差分放大电路比较:一是发射极电阻 R_{e1}、R_{e2} 合为一个公共电阻 R_e,作用是对共模信号形成负反馈,使其放大倍数减小,从而提高电路共模抑制比;二是采用了双电源供电,使电路基极电位约为零,便于和信号的连接,这种电路形象地称为长尾式差分放大电路。

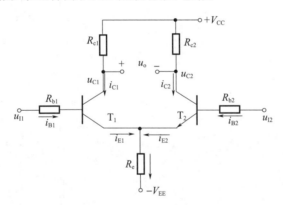

图 3.2.5 长尾式差分放大电路

2. 静态分析

画出直流通路,如图 3.2.6 所示,因为电路对称,左右两边电压、电流是相等的,可以很方便地求出电路的静态工作点。

由基极回路可得

$$I_{BQ}R_{b1} + U_{BEQ} + 2I_{EQ}R_e = V_{EE}$$

所以基极电流为

$$I_{BQ} = \frac{V_{EE} - U_{BEQ}}{R_{b1} + 2(1+\beta)R_e}$$

集电极电流和电位为

$$I_{CQ} = \beta I_{BQ}$$

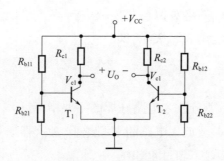

图 3.2.6　直流通路

$$V_{CQ} = V_{CC} - I_{CQ}R_c$$

基极电位为

$$V_{BQ} = -I_{BQ}R_s$$

3. 动态分析

(1) 差模工作情况。

下面以接有平衡电位器的差分放大电路图 3.2.7(a)为例,分析差模工作情况。如图 3.2.7(b)所示为微变等效电路,由于差分放大电路的对称性使得差模信号在 R_e 上不产生电压,对于差模信号来说相当于短路;负载 R_L 的中点电位为零;R_W 的中点电位近似为零。

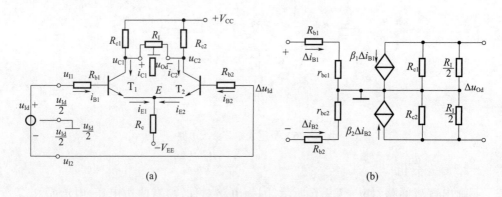

图 3.2.7

① 差模电压放大倍数 A_{ud}。如图所示差模电压放大倍数为

$$A_{ud} = U_{od}/U_{id}$$
$$= -\beta[R_c /\!/ (R_L/2)]/[R_s + r_{be} + (1+\beta)(R_W/2)]$$

② 差模输入电阻 R_{id}。如图所示输入电阻为

$$R_{id} = 2[R_s + r_{be} + (1+\beta)R_W/2]$$

③ 差模输出电阻 R_{od}。如图所示输出电阻为

$$R_{od} \approx 2[R_c /\!/ (R_L/2)]$$

(2) 共模工作情况。共模工作时 R_e 的作用非常明显,对共模信号形成了很强的负反馈,可以证明单管共模放大倍数为

$$A_{uc1} = A_{uc2} = \frac{\beta R'_L}{R_S + r_{be} + 2(1+\beta)R_e} \approx \frac{R'_L}{2R_E}$$

分析上式可知:R_e 越大,A_{uc1}、A_{uc2} 越小,射极耦合差分放大电路的共模抑制比就越高。

因此,长尾式差分放大电路由于既采用对称性抑制零点漂移,又采用共模负反馈抑制零点漂移,所以共模抑制比明显高于基本差分放大电路(一般可达 60dB 左右)。

四、恒流式差动放大器

射极耦合差分放大电路除了靠电路对称性抑制零点漂移外,又引入了 R_e 对共模信号的负反馈,但 R_e 不能太大,因为增大 R_e 势必要靠增大 V_{EE} 来实现,而实际上 V_{EE} 不能太大。用恒流源代替 R_e 就很好地解决了这个问题,这就是一种更进一步的改进型电路——恒流式差分放大电路,如图 3.2.8 所示。

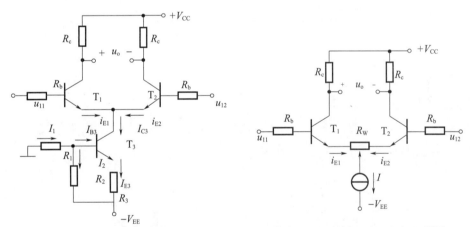

(a) 具有恒流源的差分放大电路图　　(b) 恒流源电路的简化画法及电路调零措施

图 3.2.8

1. 恒流源差分放大电路特点

(1) 差模电压放大倍数与基本和长尾式差分放大电路没有差别。

(2) 单管共模电压放大倍数比基本和长尾式差分放大电路小得多。

(3) 共模抑制比远远高于基本和长尾式差分放大电路。

恒流式差分放大电路共模抑制比非常高,最高可达 100dB,所以说恒流式差分放大电路是最理想的差分放大电路。

2. 差分放大器的四种接法

在实际应用中,根据信号源和负载的不同,可以将差分放大器接成四种不同的形式。

(1) 双端输入—双端输出。在信号源和负载两端均不能接地时,应该采用此种接法,如图 3.2.9 所示。

特点:①靠电路的对称性和共模负反馈来抑制零漂。②电压放大倍数等于差模输入时单管电压放大倍数。

(2) 双端输入—单端输出。在信号源两端不能接地而负载一端必须接地时,应该采用此种接法,如图 3.2.9 所示。

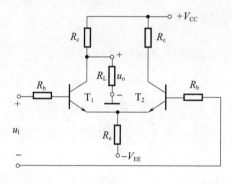

图 3.2.9

特点:①仅靠共模负反馈来抑制零漂。②电压放大倍数等于差模输入时单管电压放大倍数的 1/2。

(3) 单端输入—双端输出。在信号源一端接地而负载两端均不能接地时,应该采用此种接法,如图 3.2.10 所示。

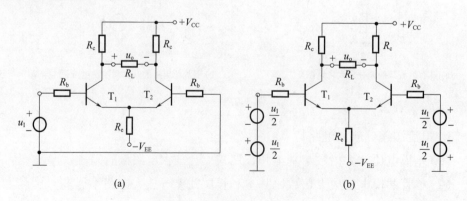

图 3.2.10

特点:①电路的对称性和共模负反馈来抑制零漂。②电压放大倍数等于差模输入时单管电压放大倍数。

(4) 单端输入—单端输出。在信号源一端必须接地而负载一端也必须接地时,应该采用此种接法,如图 3.2.11 所示。

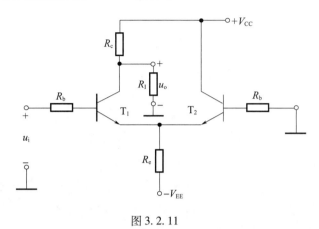

图 3.2.11

特点:①仅仅靠共模负反馈来抑制零漂。②电压放大倍数等于差模输入时单管电压放大倍数的1/2。

为了便于记忆,可将差分放大电路的输入、输出连接时的特点总结为:输入不分单和双,二分之一各承担;输出必分单和双,双除以二才是单。

1. 产生零点漂移的原因是什么?克服零点漂移最适用的电路是哪种?
2. 输入电路的信号有哪两种?各有什么特点?
3. 差动放大器有几种接法?在什么情况下使用?

■ ■ ■ ■ ■ ■ 本章小结 ■ ■ ■ ■ ■ ■

1. 多级放大电路常见的耦合方式有直接耦合、阻容耦合、变压器耦合和光电耦合。

(1)直接耦合放大电路存在温度漂移问题,但因其低频特性好,能够放大变化缓慢的信号,便于集成化,因此得到了越来越广泛的应用。

(2)阻容耦合放大电路利用耦合电容"隔直流,通交流"的特性,但低频特性差,不便于集成化,故仅在非分立元件电路不可用的情况才采用。

(3)变压器耦合放大电路低频特性差,但能够实现阻抗变换,常用作调谐放大电路或输出功率很大的功率放大电路。

(4) 光电耦合方式具有电气隔离作用,使电路具有很强的抗干扰能力,适用于信号的隔离及远距离传送。

2. 多级放大电路的电压放大倍数等于组成它的各级电路电压放大倍数之积。其输入电阻是第一级的输入电阻,输出电阻是末级的输出电阻。在求解某一级的电压放大倍数时应将后级输入电阻作为负载。

3. 多级放大电路输出波形失真时,应首先判断从哪一级开始产生失真,然后判断失真的性质。在前级所有电路均无失真的情况下,末级的最大不失真输出电压就是整个电路的最大不失真输出电压。

4. 直接耦合放大电路的零点漂移主要是由晶体管的温漂造成的。在基本差分放大电路中,利用参数的对称性进行补偿来抑制温漂。在长尾电路和具有恒流源的差分放大电路中,还利用共模负反馈抑制每只放大管的温漂。

5. 共模放大倍数 A_c 描述电路抑制共模信号的能力,差模放大倍数 A_d 描述电路放大差模信号的能力。共模抑制比 K_{CMR} 用于考察上述两方面的能力,等于 A_d 与 A_c 之比的绝对值。在理想情况下,$A_c = 0$,$K_{CMR} = \infty$。

6. 根据输入端与输出端接地情况不同,差分放大电路有四种接法。差分放大电路适于做直接耦合多级放大电路的输入级。

习题三

一、选择题

1. 直接耦合放大电路存在零点漂移的原因是_____。
   A. 电阻阻值有误差　　　　　　　　B. 晶体管参数的分散性
   C. 晶体管参数受温度影响　　　　　D. 电源电压不稳定

2. 集成放大电路采用直接耦合方式的原因是_____。
   A. 便于设计　　　B. 放大交流信号　　　C. 不易制作大容量电容

3. 选用差分放大电路的原因是_____。
   A. 克服温漂　　　B. 提高输入电阻　　　C. 稳定放入倍数

4. 差分放大电路的差模信号是两个输入端信号的_____,共模信号是两个输入端信号的_____。
   A. 差　　　　　　B. 和　　　　　　　　C. 平均值

5. 用恒流源取代长尾式差分放大电路中的发射极电阻 R_e,将使电路的_____。

A. 差模放大倍数数值增大

B. 抑制共模信号能力增强

C. 差模输入电阻增大

6. 互补输出级采用共集形式是为了使_____。

A. 电压放大倍数大   B. 不失真输出电压大   C. 带负载能力强

二、是非题。

1. 现测得两个共射放大电路空载时的电压放大倍数均为 -100,将它们连成两级放大电路,其电压放大倍数应为 10000。(   )

2. 阻容耦合多级放大电路各级的 Q 点相互独立,它只能放大交流信号。(   )

3. 直接耦合多级放大电路各级的 Q 点相互影响,它只能放大直流信号。(   )

4. 只有直接耦合放大电路中晶体管的参数随温度而变化。(   )

5. 互补输出级应采用共集接法。(   )

三、作图分析题

1. 判断图 3-1 所示各两级放大电路中,T_1 和 T_2 管分别组成哪种基本接法的放大电路。设图中所有电容对于交流信号均可视为短路。

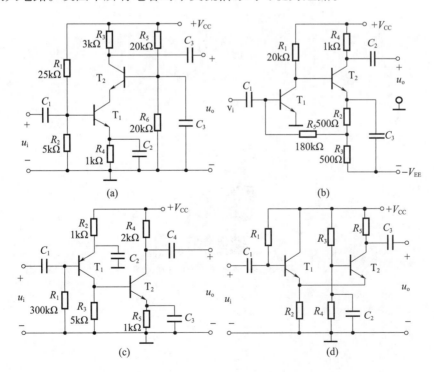

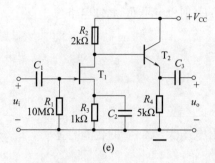
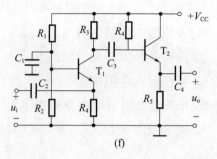

图 3-1

2. 图 3-2 所示电路参数理想对称,$\beta_1 = \beta_2 = \beta$,$r_{be1} = r_{be2} = r_{be}$。

(1) 写出 R_W 的滑动端在中点时 A_d 的表达式;

(2) 写出 R_W 的滑动端在最右端时 A_d 的表达式,比较(1)和(2)的结果有什么不同。

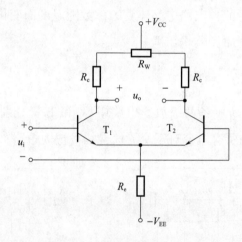

图 3-2

第四章　集成运算放大电路

 本章问题提要

1. 什么是集成运算放大电路？将分立元件直接耦合放大电路做在一个硅片上就是集成运放吗？集成运放电路结构有什么特点？
2. 集成运放由哪部分组成？各部分的作用是什么？
3. 集成运放的电压传输特性有什么特点？为什么？
4. 如何评价集成运放的性能？有哪些主要指标？
5. 集成运放有哪些类型？如何选择？使用时应注意哪些问题？

集成电路是一种集元件、电路、系统为一体的器件。模拟集成电路多用于各种模拟信号的运算，故称集成运算放大电路，简称集成运放。集成运放的通用性很强，被广泛用于模拟信号的处理和产生电路之中，因其性能好、价位低，在大多数情况下已经取代了分立元件放大电路。本章介绍集成运算放大电路的基本知识。

第一节　集成运算放大电路概述

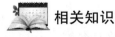 **相关知识**

集成电路是将整个电路中的各个元器件以及器件之间的连线，采用半导体集成工艺同时制作在一块半导体芯片上，再将芯片封装并引出相应的端子，做成的具有特定功能的集成电子线路，如图 4.1.1 所示。

与分立元件相比，集成电路实现了器件、连线和系统的一体化，外接线少，具有可靠性高、性能优良、重量轻、造价低廉、使用方便等优点。

图 4.1.1 集成电路

一、集成运放的结构特点

硅片上不能制作大电容、不宜制作高阻值电阻，因此集成运放均采用直接耦合方式，且常用有源元件（晶体管或场效应管）取代电阻。集成运放是一种高电压增益、高输入电阻和低输出电阻的直接耦合多级放大电路。它具有两个输入端、一个输出端，大多数型号的集成运放为两组电源供电。其内部电路由四部分组成，即输入级、中间级、输出级和偏置电路，如图 4.1.2 所示。

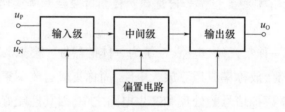

图 4.1.2 集成运放电路结构框图

1. 输入级

输入级又称前置级，它往往是一个双端输入的高性能差分放大电路。一般要求其输入电阻高，差模放大倍数大，抑制共模信号的能力强，静态电流小。输入级的好坏直接影响集成运放的大多数性能参数，它是提高运算放大器质量的关键部分。

2. 中间级

中间级是整个放大电路的主放大器，其作用是使集成运放具有较强的放大能力，多采用共射放大电路。而且为了提高电压放大倍数，经常采用复合管作放大管，以恒流源作集电极负载。其电压放大倍数可达千倍以上。

3. 输出级

输出级应具有输出电压线性范围宽、输出电阻小（即带负载能力强）、非线性失真小等特点。集成运放的输出级多采用互补输出电路。

4. 偏置电路

偏置电路用于设置集成运放各级放大电路的静态工作点。与分立元件不同,集成运放采用电流源电路为各级提供合适的集电极(或发射极)静态工作电流,从而确定了合适的静态工作点。

集成运放有同相输入端和反向输入端,这里的"同相"和"反相"是指运放的输入电压与输出电压之间的相位关系,其符号如图4.1.3所示。

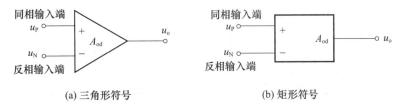

图4.1.3 集成运放的符号

从外部看,可以认为集成运放是一个双端输入、单端输出,具有高差模放大倍数、高输入电阻、低输出电阻、能较好抑制温漂的差分放大电路。

在分析集成运放电路时,首先应将电路"化整为零",分为偏置电路、输入级、中间级和输出级四个部分;进而"分析功能",弄清每部分电路的结构形式和性能特点;最后"统观整体",研究各部分相互间的联系,从而理解电路如何实现所具有的功能;必要时进行"定量估算"。

在集成运放中,若有一个支路的电流可以直接估算出来,通常该电流就是偏置电路的基准电流,电路中与之相关联的电流源(如镜像电流源、比例电流源等)部分,就是偏置电路。将偏置电路分离出来,剩下部分一般为三级放大电路,按信号的流通方向,以"输入"和"输出"为线索,既可将三级分开,又可得出每一级属于哪种基本放大电路。为了克服温漂,集成运放的输入级几乎毫无例外地采用差分放大电路;为了增大放大倍数,中间级多采用共射放大电路;为了提高带负载能力且具有尽可能大的不失真输出电压范围,输出级多采用互补式电压跟随电路。

例如F007是通用型集成运放,其电路如图4.1.4所示,由±15V两路电源供电。

从图4.1.4中可以看出,从$+V_{CC}$经T_{12}、R_5和T_{11}到$-V_{CC}$所构成的回路的电流能够直接估算出来,因而R_5中的电流为偏置电路的基准电流。T_{10}与T_{11}构成微电流源,而且T_{10}的集电极电流I_{C10}等于T_9管集电极电流I_{C9}与T_3、T_4的基极电流I_{B3}、I_{B4}之和,即$I_{C10} = I_{C9} + I_{B3} + I_{B4}$;$T_8$与$T_9$为镜像关系,为第一级提供静态电流;$T_{13}$与$T_{12}$为镜像关系,为第二、第三级提供静态电流。

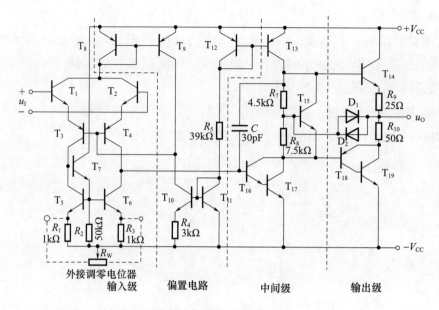

图 4.1.4 F007 电路原理图

二、集成运放的主要性能指标

为了正确使用集成运放,必须了解其参数。集成运放的特性参数是评价其性能优劣的依据。

1. 开环差模增益 A_{od}

在集成运放无外加反馈时的差模放大倍数称为开环差模增益,记作 A_{od}。$A_{od} = \Delta u_O / \Delta(u_P - u_N)$,常用分贝(dB)表示,其分贝数为 $20\lg|A_{od}|$。通用型集成运放的 A_{od} 通常在 10^5 左右,即 100dB 左右。

2. 共模抑制比 K_{CMR}

共模抑制比等于差模放大倍数与共模放大倍数之比的绝对值,即 $K_{CMR} = |A_{od}/A_{oc}|$,也常用分贝表示,其数值为 $20\lg K_{CMR}$。

3. 差模输入电阻 r_{id}

r_{id} 是集成运放对输入差模信号的输入电阻。r_{id} 越大,从信号源索取的电流越小。

4. 输入失调电压 U_{IO} 及其温漂 dU_{IO}/dT

由于集成运放的输入级电路参数不可能绝对对称,所以当输入电压为零时,u_O 并不为零。U_{IO} 是使输出电压为零时在输入端所加的补偿电压,若运放工作在线性区,则 U_{IO} 的数值是 u_I 为零时输出电压折合到输入端的电压,即

$$U_{IO} = -\frac{U_O|_{U_I=0}}{A_{od}}$$

U_{IO}越小,表明电路参数对称性越好。对于有外接调零电位器的运放,可以通过改变电位器滑动端的位置使得输入为零时输出为零。

dU_{IO}/dT是U_{IO}的温度系数,是衡量运放温漂的主要参数,其值越小,表明运放的温漂越小。

5. 输入失调电流I_{IO}及其温漂dI_{IO}/dT

$$I_{IO} = |I_{B1} - I_{B2}|$$

I_{IO}反映输入级差放管输入电流的不对称程度。dI_{IO}/dT与dU_{IO}/dT的含义相类似,只不过研究的对象为I_{IO}。I_{IO}和dI_{IO}/dT越小,运放的质量越好。

6. 输入偏置电流I_{IB}

I_{IB}是输入级差放管的基极偏置电流的平均值,即

$$I_{IB} = \frac{1}{2}(I_{B1} + I_{B2})$$

I_{IB}越小,信号源内阻对集成运放静态工作点的影响也就越小。而通常I_{IB}越小,往往I_{IO}也越小。

7. 最大共模输入电压U_{Icmax}

U_{Icmax}是输入级能正常放大差模信号情况下允许输入的最大共模信号,若共模输入电压高于此值,则运放不能对差模信号进行放大。因此,在实际应用时,要特别注意输入信号中共模信号的大小。

8. 最大差模输入电压U_{Idmax}

当集成运放所加差模信号达到一定程度时,输入级至少有一个PN结承受反向电压,U_{Icmax}是不至于使PN结反向击穿所允许的最大差模输入电压。当输入电压大于此值时,输入级将损坏。运放中NPN型管的b-e间耐压值只有几伏,而横向PNP型管的b-e间耐压值可达几十伏。

9. -3dB带宽f_H

f_H是使A_{od}下降3dB(即下降到约0.707倍)时的信号频率。由于集成运放中晶体管数目多,因而极间电容就较多;又因为那么多元件制作在一小块硅片上,分布电容和寄生电容也较多;因此,当信号频率升高时,这些电容的容抗变小,使信号受到损失,导致A_{od}数值下降且产生相移。

10. 单位增益带宽f_c

f_c是使A_{od}下降到零分贝(即$A_{od} = 1$,失去电压放大能力)时的信号频率,与晶体管的特征频率f_T相类似。

11. 转换速率SR

SR是在大信号作用下输出电压在单位时间变化量的最大值,即

$$\text{SR} = \left| \frac{du_O}{dt} \right|_{max}$$

SR 表示集成运放对信号变化速度的适应能力,是衡量运放在大幅值信号作用时工作速度的参数,常用每微秒输出电压变化多少伏来表示。当输入信号变化斜率的绝对值小于 SR 时,输出电压才能按线性规律变化。信号幅值越大、频率越高,要求集成运放的 SR 也就越大。

在近似分析时,常把集成运放的参数理想化,即认为 A_{od}、K_{CMR}、r_{id}、f_H 等参数值均为无穷大,而 U_{IO} 和 dU_{IO}/dT、I_{IO} 和 dI_{IO}/dT、I_{IB} 等参数值均为零。

三、集成运放的电压传输特性

集成运放的输出电压 u_O 与输入电压(即同相输入端与反相输入端之间的电位差,$u_P - u_N$)之间的关系曲线称为电压传输特性,即

$$u_O = f(u_P - u_N)$$

对于正、负两路电源供电的集成运放,电压传输特性如图 4.1.5 所示。

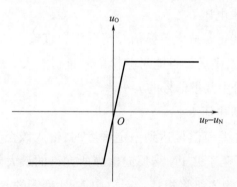

图 4.1.5 集成运放的电压传输特性

从图 4.1.5 所示曲线可以看出,集成运放有线性放大区域(称为线性区)和饱和区域(称为非线性区)两部分。在线性区,曲线的斜率为电压放大倍数;在非线性区,输出电压只有两种可能的情况,即 $+U_{OM}$ 或 $-U_{OM}$。

由于集成运放放大的是差模信号,且没有通过外电路引入反馈,故称其电压放大倍数为差模开环放大倍数,记作 A_{od},因而当集成运放工作在线性区时,有

$$u_O = A_{od}(u_P - u_N)$$

通常 A_{od} 非常高,可达几十万倍,因此集成运放电压传输特性中的线性区非常窄。如果输出电压的最大值 $\pm U_{OM} = \pm 14\text{V}$,$A_{od} = 5 \times 10^5$,那么只有当 $|u_P - u_N| < 28$ μV 时,电路才工作在线性区。换言之,若 $|u_P - u_N| > 28$ μV,则集成运放进入非线性区,因而输出电压 u_O 不是 $+14\text{V}$,就是 -14V。

1. 理想集成运放的性能指标

所谓理想运放,就是将各项技术指标理想化的集成运放,具有下面特性的集成运放称为理想集成运放:

(1)输入为零时,输出恒为零。

(2)开环差模电压放大倍数 $A_{od} = \infty$。

(3)差模输入电阻 $r_{id} = \infty$。

(4)差模输出电阻 $r_o = 0$。

(5)共模抑制比 $K_{CMR} = \infty$。

(6)失调电压、失调电流及温漂为0。

实际上,集成运放的技术指标均为有限值,理想化后必然带来分析误差。但是,在一般的工程计算中,这些误差都是允许的。而且,随着新型运放的不断出现,性能指标越来越接近理想,误差也就越来越小。因此,只有在进行误差分析时,才考虑实际运放有限的增益、带宽、共模抑制比、输入电阻和失调因素等所带来的影响。

2. 理想集成运放工作在线性区的特点

集成运放同相输入端和反向输入端的电位分别为 u_P、u_N,电流分别为 i_P、i_N。当集成运放工作在线性区时,输出电压应与输入差模电压呈线性关系,即

$$u_O = A_{od}(u_P - u_N)$$

由于输出电压 u_O 为有限值(受正负电源限制),而 $A_{od} = \infty$,因而净输入电压 $u_P - u_N = 0$,即

$$u_P = u_N$$

称两个输入端"虚短路"。所谓"虚短路"是指理想运放的两个输入端电位无穷接近,但又不是真正短路的特点。

因为净输入电压为零,且理想运放的输入电阻为无穷大,所以两个输入端的输入电流也均为零,即

$$i_P = i_N = 0$$

换言之,从集成运放输入端看进去相当于断路,成两个输入端"虚断路"。所谓"虚断路"是指理想运放两个输入端的电流趋于零,但又不是真正断路的特点。

应当特别指出,"虚短"和"虚断"是非常重要的概念。对于运放工作在线性区的应用电路,"虚短"和"虚断"是分析其输入信号和输出信号关系的两个基本出发点。

另外,在分析电路时经常会碰到虚地的概念,即当 $u_P = 0$,由于 $u_P = u_N$,故 $u_P =$

$u_N = 0$,集成运放两个输入端电位均为零,称为"虚地"。

3. 理想集成运放工作在非线性区的特点

当集成运放的输入信号过大、开环工作或加正反馈时,由于 $u_P - u_N \neq 0$,且理想集成运放的电压增益为无穷大,所以输出电压就会趋向最大电压值。如图 4.1.6 所示。

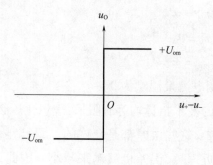

图 4.1.6 理想集成运放的电压传输

当 $u_P > u_N$ 时 $u_O = +U_{om}$,$u_P < u_N$ 时,$u_O = -U_{om}$。在非线性区,虚短现象不存在。

因为 $r_{id} = \infty$,所以 $i_P = i_N = 0$,即虚断现象仍然存在。

另外,集成运放工作在非线性区时,其净输入电压 $u_P - u_N$ 的大小取决于电路的实际输入电压及外界电路的参数。

总之,在分析集成运放的应用电路时,一般将它看成理想集成运放,首先判断集成运放的工作区域,然后根据不同区域的不同特点分析电路输出与输入的关系。

1. 集成运放由哪几部分组成?各部分的作用是什么?
2. 如何将偏置电路从集成运放电路中分离出来?
3. 对于实际的集成运放,当差模输入信号为零时,其输出电压为零吗?为什么?

第二节 集成运算放大电路中的电流源电路

集成运放中的晶体管和场效应管,除了作为放大管外,还构成电流源电路,

为各级提供合适的静态电流；或作为有源负载取代高阻值的电阻，提高放大电路的放大能力。

一、基本电流源电路

1. 镜像电流源

图4.2.1所示为镜像电流源电路，它由两只特性完全相同的管子 T_0 与 T_1 构成，由于 T_0 的管压降 U_{CE0} 与其 b—e 间电压 U_{BE0} 相等，可保证 T_0 工作在放大状态，而不可能进入饱和状态，故其集电极电流 $I_{C0} = \beta I_{B0}$。I_{C1} 为输出电流。

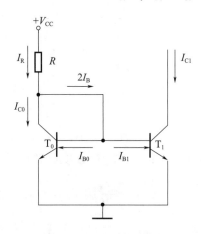

图 4.2.1　镜像电流源

图4.2.1中 T_0 与 T_1 的 b—e 间电压相等，故它们的基极电流 $I_{B0} = I_{B1} = I_B$，而由于电流放大系数 $\beta_0 = \beta_1 = \beta$，故集电极电流 $I_{C0} = I_{C1} = I_C = \beta I_B$。可见，电路的这种特殊接法使 I_{C1} 和 I_{C0} 呈镜像关系，故称此电路为镜像电流源。

电阻 R 中的电流为基准电流 I_R，当 $\beta \gg 2$ 时，输出电流

$$I_{C1} \approx I_R = \frac{V_{CC} - U_{BE}}{R} \tag{4.2.1}$$

镜像电流源电路简单，应用广泛。但是，在电源电压 V_{CC} 一定的情况下，若要求 I_{C1} 较大，则 I_R 势必增大，R 的功耗也就增大，这是集成电路中应当避免的；若要求 I_{C1} 很小，则 I_R 势必也小，R 的数值必然很大，这在集成电路中是很难做到的。因此，派生了其他类型的电流源电路。

2. 比例电流源

比例电流源电路改变了镜像电流源中 $I_{C1} \approx I_R$ 的关系，而使 I_{C1} 可以大于 I_R 或小于 I_R，与 I_R 成比例关系，从而克服了镜像电流源的上述缺点，其电路如图4.2.2所示。

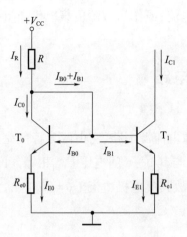

图 4.2.2 比例电流源

由

$$I_{C1} \approx \frac{R_{e0}}{R_{e1}} \cdot I_R + \frac{U_T}{R_{e1}} \ln \frac{I_R}{I_{C1}} \tag{4.2.2}$$

在一定的取值范围内,若式(4.2.2)中的对数项可忽略,则

$$I_{C1} \approx \frac{R_{e0}}{R_{e1}} \cdot I_R \tag{4.2.3}$$

可见,只要改变 R_{e0} 和 R_{e1} 的阻值,就可以改变 I_{C1} 和 I_R 的比例关系。与典型的静态工作点稳定电路一样,R_{e0} 和 R_{e1} 是电流负反馈电阻,因此,与镜像电流源比较,比例电流源的输出电流 I_{C1} 具有更高的温度稳定性。

3. 微电流源

集成运放输入级放大管的集电极(发射极)静态电流很小,往往只有几十微安,甚至更小。为了只采用阻值较小的电阻,而又获得较小的输出电流 I_{C1},可以将比例电流源中 R_{e0} 的阻值减小到零,便得到如图 4.2.3 所示的微电流源电路。

显然当 $\beta \gg 1$ 时,T_1 管集电极电流

$$I_{C1} \approx I_{E1} = \frac{U_{BE0} - U_{BE1}}{R_e} \tag{4.2.4}$$

式中:$U_{BE0} - U_{BE1}$,只有几十毫伏,甚至更小,因此,只要几千欧的 R_e 就可以得到几十微安的 I_{C1}。

图 4.2.3 中 T_0 与 T_1 特性完全相同,有

$$I_{C1} \approx \frac{U_T}{R_e} \ln \frac{I_R}{I_{C1}} \tag{4.2.5}$$

实际上,在设计电路时,应首先确定 I_R 和 I_{C1} 的数值,然后求出 R 和 R_e 的数值。

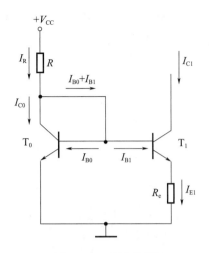

图 4.2.3 微电流源

二、改进型电流源电路

在基本电流源电路中,当 β 足够大时,式(4.2.1)、式(4.2.2)、式(4.2.5)才成立。换言之,在上述电路的分析中均忽略了基极电流对 I_{C1} 的影响。若 β 不足够大,则 I_R 和 I_{C1} 可能相差很大。为了减小基极电流的影响,提高输出电流与基准电流的传输精度,稳定输出电流,可对基本镜像电流源电路加以改进。

1. 加射极输出器的电流源

在镜像电流源 T_0 管的集电极与基极之间加一只从射极输出的晶体管 T_2,便构成图 4.2.4 所示电路。利用 T_2 管的电流放大作用,减小了基极电流 I_{B0} 和 I_{B1} 对基准电流 I_R 的分流。这样,即使 β 很小,也可认为 $I_{C1} \approx I_R$,I_{C1} 与 I_R 保持很好的镜像关系。

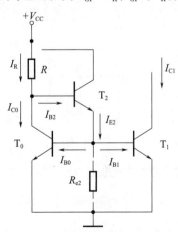

图 4.2.4 加射极输出器的电流源

在实际电路中,有时在 T_0 管和 T_1 管的基极与地之间加电阻 R_{e2}(如图 4.2.4 中虚线连接处),用来增大 T_2 管的工作电流,从而提高 T_2 的 β。

2. 威尔逊电流源

图 4.2.5 所示电路为威尔逊电流源,I_{C2} 为输出电流。

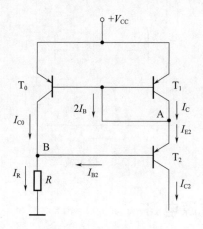

图 4.2.5　威尔逊电流源

T_1 管 c—e 串联在 T_2 管的发射极,其作用与典型工作点稳定电路中 R_e 的作用相同。因为 c—e 间等效电阻非常大,所以可使 I_{C2} 高度稳定,受基极电流影响很小。

3. 多路电流源电路

集成运放是一个多级放大电路,因而需要多路电流源分别给各级提供合适的静态电流。可以利用一个基准电流去获得多个不同的输出电流,以适应各级的需要。

如图 4.2.6 所示电路是在比例电流源基础上得到的多路电流源。

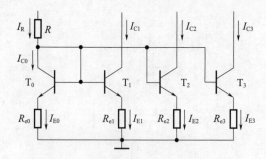

图 4.2.6　基于比例电流源的多路电流源

I_R 为基准电流,I_{C1}、I_{C2} 和 I_{C3} 为三路输出电流。根据 $T_0 \sim T_3$ 的接法,可得

$$U_{BE0} + I_{E0}R_{e0} = U_{BE1} + I_{E1}R_{e1} = U_{BE2} + I_{E2}R_{e2} = U_{BE3} + I_{E3}R_{e3}$$

由于各管的 b—e 间电压 U_{BE} 数值大致相等,因此可得近似关系

$$I_{E0}R_{e0} \approx I_{E1}R_{e1} \approx I_{E2}R_{e2} \approx I_{E3}R_{e3}$$

当 I_{E0} 确定后,各级只要选择合适的电阻,就可以得到所需的电流。

图 4.2.7 所示电路为多集电极管构成的多路电流源,T 多为横向 PNP 型管。当基极电流一定时,集电极电流之比等于其集电区面积之比。设各集电区面积分别为 S_0、S_1、S_2,则

$$\frac{I_{C1}}{I_{C0}} = \frac{S_1}{S_0}, \frac{I_{C2}}{I_{C0}} = \frac{S_2}{S_0}$$

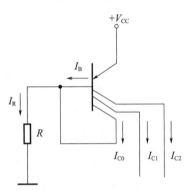

图 4.2.7　多集电极管构成的多路电流源

为了获得更加稳定的输出电流,多路电流源中可以采用带有射极输出器的电流源和威尔逊电流源等形式,这里不赘述。

1. 基本电流源电路有几种？各有什么特点？
2. 改进后的电流源电路有什么优点？

第三节　集成运算放大电路的种类及使用

 相关知识

集成运放自 20 世纪 60 年代问世以来,飞速发展,经历了几代产品,目前,除有不同增益的各种通用型运放外,还有品种繁多的特殊型运放,以满足各种特殊要求。

一、集成运放的种类

根据前面所学集成运放典型电路可知,集成运放按供电方式可分为双电源供电和单电源供电,在双电源供电中又分正、负电源对称型和不对称型供电;按集成度(即一个芯片上的运放个数)可分为单运放、双运、三运放和四运放;按制造工艺可分为双极型运放、单极型运放和双极-单极兼容型集成运放。

除以上三种分类方法外,还可根据内部电路的工作原理和性能指标等进行分类。

1. 按工作原理分类

集成运放按工作原理可分为电压放大型、电流放大型、跨导型和互阻型。

电压放大型集成运放实现电压放大,输出回路等效成由电压 u_I 控制的电压源 $u_O = A_{od} u_I$。

电流放大型集成运放实现电流放大,输出回路等效成由电流 i_I 控制的电流源 $i_O = A_i i_I$。

跨导型集成运放将输入电压转换成输出电流,输出回路等效成由电压 u_I 控制的电流源 i_O,$i_O = A_{iu} u_I$,A_{iu} 的量纲为电导,它是输出电流与输入电压之比,故称跨导,常记作 g_m。

互阻型集成运放将输入电流转换成输出电压,输出回路等效成由电流 i_I 控制的电压源 u_O,即 $u_O = A_{ui} i_I$,A_{ui} 的量纲为电阻,故称这种电路为互阻放大电路。

2. 按性能指标分类

集成运放按性能指标可分为通用型和特殊型两类。通用型运放用于无特殊要求的电路之中,其性能指标的数值范围如表4.3.1所示。

表4.3.1 通用型运放的性能指标

参数	单位	数值范围	参数	单位	数值范围
A_{od}	dB	65~100	K_{CMR}	dB	70~90
r_{id}	MΩ	0.5~2	单位增益带宽	MHz	0.5~2
U_{IO}	mV	2~5	SR	V/μs	0.5~0.7
I_{IO}	μA	0.2~2	功耗	mW	80~120
I_{IB}	μA	0.3~7			

少数运放可能超出表中数值范围。特殊型运放为了适用各种特殊要求,某一方面性能特别突出,下面作一简单介绍。

1. 高阻型

具有高输入电阻(r_{id})的运放称为高阻型运放。它们的输入级多采用超 β 管或场效应管，$r_{id} > 10^9 \Omega$，适用于测量放大电路、信号发生电路或采用-保持电路。

2. 高速型

单位增益带宽和转换速率高的运放为高速型运放。它的种类很多，增益带宽躲在10MHz左右，有的高达千兆赫；转换速率大多在几十伏/微秒至几百伏/微秒，有的高达几千伏/微秒。适用于模/数转换器、数/模转换器、锁相环电路和视频放大电路。

3. 高精度型

高精度型运放具有低失调、低温漂、低噪声、高增益等特点，它的失调电压和失调电流比通用型运放小两个数量级，而开环差模增益和共模抑制比均大100dB，适用于对微弱信号的精密测量和运算，常用于高精度的仪器设备中。

4. 低功耗型

低功耗型运放具有静态功耗低、工作电源电压低等特点，它们的功耗只有几毫瓦，甚至更小，电源电压为几伏，而其他方面的性能不如通用型运放差，适用于能源有严格限制的情况，如空间技术、军事科学及工业中的遥感遥测等领域。

此外，还有能输出高电压（如100V）的高压型运放，能输出大功率（如几十瓦）的大功率型运放等。

二、集成运放的选择

通常情况下，在设计集成运放应用电路时，没有必要研究运放的内部电路，而是根据设计需求寻找具有相应性能指标的芯片。因此，了解运放的类型，理解运放主要性能指标的物理意义，是正确选择运放的前提。应根据以下几方面的要求选择运放。

1. 信号源的性质

根据信号源是电压源还是电流源，内阻大小、输入信号的幅值及频率的变化范围等，选择运放的差模输入电阻 r_{id}、-3dB带宽（或单位增益带宽）、转换速率SR等指标参数。

2. 负载的性质

根据负载电阻的大小，确定所需运放的输出电压和输出电流的幅值。对于容性负载或感性负载，还要考虑它们对频率参数的影响。

3. 精度要求

对模拟信号的处理，如放大、运算等，往往提出精度要求；如电压比较，往往提出响应时间、灵敏度要求。根据这些要求选择运放的开环差模增益 A_{od}、失调

电压 U_{IO}、失调电流 I_{IO} 及转换速率 SR 等指标参数。

4. 环境条件

根据环境温度的变化范围,可正确选择运放的失调电压及失调电流的温漂 dU_{IO}/dT、dI_{IO}/dT 等参数;根据所能提供的电源(如有些情况只能用干电池)选择运放的电源电压;根据对能耗有无限制,选择运放的功耗等。

根据上述分析就可以通过查阅手册等手段选择某一型号的的运放了,必要时还可以通过各种 EDA 软件进行仿真,最终确定最满意的芯片。目前,各种专用运放和多方面性能俱佳的运放种类繁多,选用它们会大大提高电路的质量。

不过,从性价比方面考虑,应尽量选用通用型运放,只有在通用型运放不满足应用要求时才选用特殊型运放。

三、集成运放的使用

为了正确、安全地使用集成运放,在使用时有些必做的工作以及保护措施。

1. 使用集成运放时必做的工作

(1)集成运放的外引线(管脚)。目前集成运放的常见封装方式有金属壳封装和双列直插式封装,外形如图 4.3.1 所示,以后者居多。双列直插式有 8、10、12、14、16 管脚等种类,虽然它们的外引线排列日趋标准化,但各制造厂略有区别。因此,使用运放前必须查阅有关手册,确认管脚,以便进行正确连接。

(a) 双列直插式外形　　(b) 圆壳式外形　　(c) 扁平式

图 4.3.1　集成运放的外形

(2)参数测量。使用运放之前往往要用简易测试法判断其好坏,例如用万用表电阻的中间挡("×100Ω"或"×1kΩ"挡,避免电流或电压过大)对照管脚测试有无短路和断路现象。必要时还可采用测试设备量测运放的主要参数。

(3)调零或调整偏置电压。由于失调电压及失调电流的存在,输入为零时往往输出不为零。对于内部无自动稳零措施的运放需外加调零电路,使之在零输入时输出为零。

对于单电源供电的运放,常需在输入端加直流偏置电压,设置合适的静态输出电压,以便能放大正、负两个方向的变化信号。

(4)消除自激振荡。为防止电路产生自激振荡,应在集成运放的电源端加去耦电容。有的集成运放需外接频率补偿电容 C,应注意接入合适容量的电容。

2. 保护措施

集成运放在使用中常因以下三种原因被损坏:输入信号过大,使 PN 结击穿;电源电压极性接反或过高;输出端直接接"地"或接电源,运放将因输出级功耗过大而损坏。因此,为使运放安全工作,也从三个方面进行保护。

(1)输入保护。一般情况下,运放工作在开环(即未引入反馈)状态时,易因差模电压过大而损坏;在闭环状态时,易因共模电压超出极限值而损坏。图 4.3.2(a)是防止差模电压过大的保护电路,(b)是防止共模电压过大的保护电路。

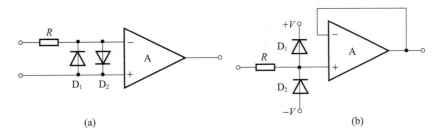

图 4.3.2　输入保护措施

(2)输出保护。图 4.3.3 所示为输出端保护电路,限流电阻 R 与稳压管 D_Z 构成限幅电路。一方面将负载与集成运放输出隔离开,限制了运放的输出电流;另一方面也限制了输出电压的幅值。当然,任何保护措施都是有限度的,若将输出端直接接电源,则稳压管会损坏,使电路的输出电阻大大提高,影响电路的性能。

(3)电源端保护。为了防止电源极性接反,可利用二极管的单向导电性,在电源端串联二极管来实现保护,如图 4.3.4 所示。

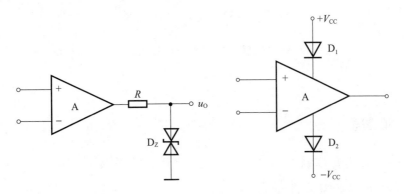

图 4.3.3　输出保护电路　　　　图 4.3.4　电源端保护电路

1. 集成运放有哪些种类？如何选择？
2. 集成运放在使用时应注意哪些问题？

■■■■■■ 本章小结 ■■■■■■

1. 集成运放是一种高性能的直接耦合放大电路，从外部看，可等效成双端输入、单端输出的差分放大电路。通常由输入级、中间级、输出级和偏置电路四部分组成。对于由双极型管组成的集成运放，输入级多用差分放大电路，中间级为共射电路，输出级多用互补输出级，偏置电路多是电流源电路。

2. 在集成运放中，充分利用元件参数一致性好的特点，构成高质量的差分放大电路和各种电流源电路。电流源电路既为各级放大电路提供合适的静态工作点，又作为有源负载，从而大大提高了运放的增益。

3. 集成运放的主要性能指标有 A_{od}、r_{id}、U_{IO} 和 dU_{IO}/dT、I_{IO} 和 dI_{IO}/dT、$-3dB$ 带宽 f_H、单位增益带宽 f_c 和 SR 等。通用型运放各方面参数均衡，适合一般应用；特殊型运放在某方面的性能指标特别优秀，适合有特殊要求的场合。

4. 在理想条件下，开环差模增益、共模抑制比、输入电阻为无穷大，输出电阻、所有失调参数及其温漂、噪声均为零，这样的运放为理想运放。理想运放具有"虚短"和"虚断"的特点，可利用其"虚短"和"虚断"的特点求解放大倍数。

5. 使用集成运放应注意调零、频率补偿和必要的保护措施。目前很多产品内部有补偿电容，部分产品内部有稳零措施。

■■■■■■ 习题四 ■■■■■■

一、填空题

1. 集成运算放大器实质是一个_____耦合的多级放大器。
2. 理想集成运放的主要性能指标：$A_{od} = $_____，$r_{id} = $_____，$r_{od} = $_____。
3. 分析运算放大电路的线性应用时有两个重要的分析依据。一个是 $i_P = $

$i_N \approx 0$,称为_____;另一个是 $u_P = u_N$,称为_____。

4. 集成运放一般分为两个工作区,即_____端和_____端。

5. 集成运放有两个输入端,一个叫_____,另一个叫_____。

6. 集成运放内部电路通常由_____、_____、_____和_____四部分组成。

7. 在直流放大器中,若各级电路的零漂大体相同,则抑制零漂的电路应放在_____级。

二、选择题

1. 集成运放电路采用直接耦合方式是因为_____。

   A. 可获得很大的放大倍数

   B. 可使温漂小

   C. 集成工艺难以制造大容量电容

2. 通用型集成运放适用于放大_____。

   A. 高频信号　　　　B. 低频信号　　　　C. 任何频率信号

3. 集成运放制造工艺使得同类半导体管的_____。

   A. 指标参数准确　　B. 参数不受温度影响　C. 参数一致性好

4. 集成运放的输入级采用差分放大电路是因为可以_____。

   A. 减小温漂　　　　B. 增大放大倍数　　　C. 提高输入电阻

5. 为增大电压放大倍数,集成运放的中间级多采用_____。

   A. 共射放大电路　　B. 共集放大电路　　　C. 共基放大电路

三、是非题

1. 运放的输入失调电压 U_{IO} 是两输入端电位之差。(　　)

2. 运放的输入失调电流 I_{IO} 是两端电流之差。(　　)

3. 运放的共模抑制比 $K_{CMR} = \left| \dfrac{A_d}{A_c} \right|$。(　　)

4. 有源负载可以增大放大电路的输出电流。(　　)

5. 在输入信号作用时,偏置电路改变了各放大管的动态电流。(　　)

四、分析与应用题

1. 通用型集成运放一般由几部分组成?每一部分常采用哪种基本电路?通常对每一部分性能的要求分别是什么?

2. 已知一个集成运放的开环差模增益 A_{od} 为 100dB, 最大输出电压峰-峰值 $U_{opp} = \pm 14\text{V}$, 分别计算差模输入电压 u_I (即 $u_P - u_N$) 为 $10\mu\text{V}$、$100\mu\text{V}$、1mV、1V 和 $-10\mu\text{V}$、$-100\mu\text{V}$、-1mV、-1V 时的输出电压 u_O。

3. 已知几个集成运放的参数如表 P4.1 所示,试分别说明它们各属于哪种类型的运放。

表 P4.1

特性指标 单位	A_{od} dB	r_{id} MΩ	U_{IO} mv	I_{IO} nA	I_{IB} nA	$-3\text{dB}f_H$ Hz	K_{CMR} dB	SR V/μV	单位增益带宽 MHz
A_1	100	2	5	200	600	7	86	0.5	
A_2	130	2	0.01	2	40	7	120	0.5	
A_3	100	1000	5	0.02	0.03		86	0.5	5
A_4	100	2	2	20	150		96	65	12.5

4. 根据下列要求,将应优先考虑使用的集成运放填入空内。已知现有集成运放的类型是:①通用型;②高阻型;③高速型;④低功耗型;⑤高压型;⑥大功率型;⑦高精度型。

(1) 做低频放大器,应选用_____。

(2) 做宽频带放大器,应选用_____。

(3) 做幅值为 $1\mu\text{V}$ 以下微弱信号的量测放大器,应选用_____。

(4) 做内阻为 $100\text{k}\Omega$ 信号源的放大器,应选用_____。

(5) 负载需 5A 电流驱动的放大器,应选用_____。

(6) 要求输出电压幅值为 ±80 的放大器,应选用_____。

(7) 宇航仪器中所用的放大器,应选用_____。

5. 电路如图 4-1 所示。说明电路是几级放大电路,以及各级的电路形式及其作用。

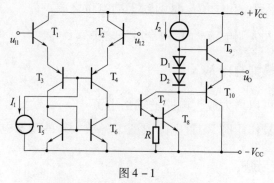

图 4-1

6. 图 4-2 所示简化的高精度运放电路原理图,试分析:

(1) 两个输入端中哪个是同相输入端,哪个是反相输入端;

(2) T_3 与 T_4 的作用;

(3) 电流源 I_3 的作用;

(4) D_2 与 D_3 的作用。

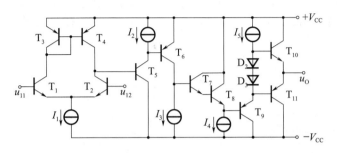

图 4-2

7. 通用型运放 F747 的内部电路如图 4-3 所示,试分析:

(1) 偏置电路由哪些元件组成?基准电流约为多少?

(2) 哪些是放大管?组成几级放大电路?每级各是什么基本电路?

(3) T_{19}、T_{20} 和 R_8 组成的电路的作用是什么?

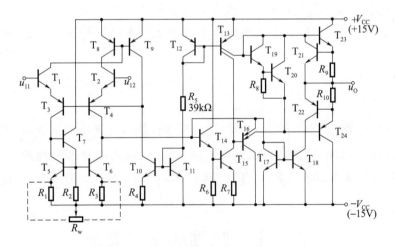

图 4-3

第五章　放大电路中的反馈

  本章问题提要

1. 什么是反馈？什么是直流反馈和交流反馈？什么是正反馈和负反馈？为什么要引入反馈？
2. 如何判断电路中有无引入反馈？引入的是直流反馈还是交流反馈？是正反馈还是负反馈？
3. 交流负反馈有哪四种组态？如何判断？
4. 交流负反馈放大电路的一般表达式是什么？
5. 放大电路中引入不同组态的负反馈后，将对性能分别产生什么样的影响？
6. 什么是深度负反馈？在负反馈条件下，如何估算放大倍数？

在实际电路中，为了改善放大电路的某些性能或实现电路的某些功能，都需要引入这样或那样的反馈，可以说如果没有反馈，放大电路的性能就不够完善，在很多情况下不能满足实际应用的需要。本章学习电路中是如何引入反馈的。

第一节　反馈的基本概念

  相关知识

反馈的目的是通过输出对输入的影响来改善系统的运行状况及控制效果，它广泛应用于各个领域。在电子电路中，适当引入反馈，不仅能够稳定静态工作点，还能稳定放大倍数、改善放大电路的其他性能等。那么，什么是电子电路中的反馈呢？

一、反馈的概念

在电子电路中,将放大电路中的输出量(输出电流或输出电压)的一部分或全部通过一定的电路形式(反馈网络)作用到放大电路的输入回路,从而影响输入量(输入电流或输入电压)的过程称为反馈。

按照反馈放大电路各部分电路的主要功能可将其分为基本放大电路和反馈网络两部分,如图 5.1.1 所示。

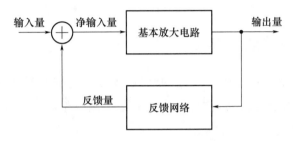

图 5.1.1　反馈放大电路的方块图

基本放大电路的主要功能是放大信号,而反馈网络主要功能是建立输出到输入之间的通道,一般由线性元件构成,用以传输反馈信号。基本放大电路的输入信号称为净输入量,它不但取决于输入信号(输入量),还与反馈信号(反馈量)有关。

二、有无反馈的判断

判断一个放大电路有无反馈,关键是看是否存在反馈通路。若放大电路中存在将输出回路与输入回路相连接的通路,并由此影响放大电路的净输入量,则表明电路引入了反馈;否则,电路中便没有引入反馈。

【例1】判断图 5.1.2 所示电路是否引入了反馈。

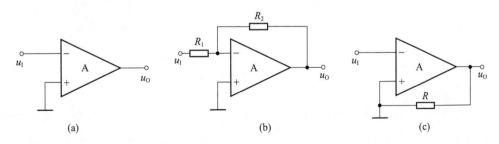

图 5.1.2　有无反馈的判断

在图 5.1.2(a)所示电路中,集成运放的输出端与同相输入端、反向输入端均无通路,故电路中没有引入反馈。

在图 5.1.2(b)所示电路中,电阻 R_2 将集成运放的输出端与反相输入端相连接,因而集成运放的净输入量不仅决定于输入信号,还与输出信号有关,所以该电路中引入了反馈。

在图 5.1.2(c)所示电路中,虽然电阻 R 跨接在集成运放的输出端与同相输入端之间,但是因为同相输入端接地,R 只不过是集成运放的负载,而不会使 u_O 作用于输入回路,所以电路中没有引入反馈。

在引入反馈的电路中,通常通过引入负反馈来改善电路。

三、反馈极性的判断

根据反馈的效果可以区分反馈的极性,使放大电路净输入量增大的反馈称为正反馈,主要用于振荡电路中;使放大电路净输入量减小的反馈称为负反馈,主要用来改善放大电路的性能。

判断反馈极性的基本方法是瞬时极性法。具体做法是:规定电路输入信号在某一时刻对地的极性(一般假定为正,用符号 ⊕ 表示),并以此为依据,逐级判断电路中各相关点电流的流向和电位的极性(可用符号 ⊕、⊖ 表示),从而得到输出信号的极性;根据输出信号的极性判断出反馈信号的极性;若反馈信号使基本放大电路的净输入信号增大,则说明引入了正反馈;若反馈信号使基本放大电路的净输入信号减小,则说明引入了负反馈。

【例 2】判断图 5.1.3 所示电路引入反馈的极性。

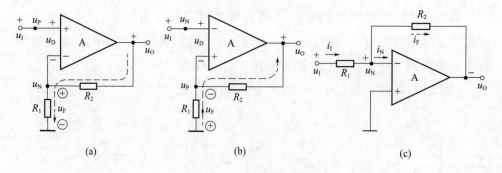

图 5.1.3　反馈极性的判断

在图 5.1.3(a)所示电路中,设输入电压 u_1 的瞬时极性对地为正,即集成运放的同相输入端电位 u_P 对地为正,因而输出电压 u_O 对地也为正;u_O 在 R_1 和 R_2 回路产生电流,方向如图中虚线所示,并且该电流在 R_1 上产生极性为上"+"下"−"的反馈电压 u_F,使反相输入端电位对地为正。由此导致集成运放的净输入

电压 $u_D(u_P - u_N)$ 的数值减小,说明电路引入了负反馈。

应当特别指出,反馈量是仅仅决定于输出量的物理量,而与输入量无关。例如,在图 5.1.3(a)所示电路中,反馈电压 u_F 不表示 R_1 上的实际电压,而只表示输出电压 u_O 作用的结果。因此,可将输出量视为作用于反馈网络的独立源。

在图 5.1.3(b)所示电路中,若设输入电压 u_I 的瞬时极性对地为正,则输出电压 u_O 对地为负;u_O 作用于 R_1 和 R_2 回路所产生电流方向如图中虚线所示,由此可得 R_1 上产生极性为上"－"下"＋"的反馈电压 u_F,即同相输入端电位 u_P 对地为负。所以必然导致集成运放的净输入电压 $u_D(u_P - u_N)$ 的数值增大,说明电路引入了正反馈。

在图 5.1.3(c)所示电路中,设输入电流 i_I 的瞬时极性如图所示。集成运放的反相输入端电流 i_N 流入集成运放,电位 u_N 对地为正,因而输出电压 u_O 对地为负;u_O 作用于电阻 R_2 产生电流 i_F,方向如图中虚线所示,i_F 对 i_I 分流,导致集成运放的净输入电流 i_N 的数值减小,说明电路引入了负反馈。

以上分析说明,在集成运放组成的反馈放大电路中,可以通过分析集成运放的净输入电压 u_{da} 或净输入电流 i_P（或 i_N）来判断。

对于分立元件电路,可以通过判断输入级放大管的净输入电压(b—e 间或 e—b 间电压)或者净输入电流(i_B 或 i_E)因反馈引入量增大还是减小,来判断反馈的极性。

【例3】判断图 5.1.4 所示电路的反馈极性。

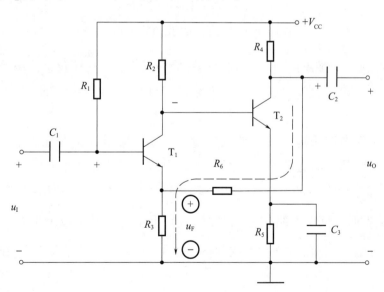

图 5.1.4　分立元件放大电路反馈极性的判断

在图 5.1.4 所示电路中，设输入电压 u_I 的瞬时极性对地为正，因而 T_1 管的基极电位对地为正；共射电路输出电压与输入电压反相，故 T_1 管的集电极电位对地为负，即 T_2 管的基极电位对地为负；第二级仍为共射电路，故 T_2 管的集电极电位对地为正，即输出电压 u_O 极性为上"+"下"−"；u_O 作用于 R_6 和 R_3 回路，产生电路如图中虚线所示，从而在 R_3 上得到反馈电压 u_F；根据 u_O 的极性得到 u_F 的极性为上"+"下"−"，如图中所示；u_F 作用的结果使 T_1 管 b—e 间电压减小，故判定电路引入了负反馈。

四、负反馈放大电路的方块图及一般表达式

研究负反馈放大电路的共同规律，可以利用方块图来描述所有电路。

1. 负反馈放大电路的方块图表示法

任何负反馈放大电路都可以用图 5.1.5 所示的方块图来表示，上面的方块是负反馈放大电路的基本放大电路，下面的方块是负反馈放大电路的反馈网络。

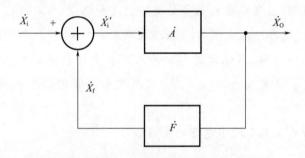

图 5.1.5　负反馈放大电路的方块图

负反馈放大电路的基本放大电路是在断开反馈且考虑了反馈网络的负载效应的情况下所构成的放大电路，反馈网络是指与反馈系数 $\dot{F}$ 有关的所有元器件构成的网络。

图 5.1.5 中 $\dot{X}_i$ 为输入量，$\dot{X}_f$ 为反馈量，$\dot{X}_i'$ 为净输入量，$\dot{X}_o$ 为输出量。图中连线的箭头表示信号的流通方向，说明方块图中的信号是单向流通的，即输入信号 $\dot{X}_i$ 仅通过基本放大电路传递到输出，而输出信号 $\dot{X}_o$ 仅通过反馈网络传递到输入；换言之，$\dot{X}_i$ 不通过反馈网络传递到输出，而 $\dot{X}_o$ 也不通过基本放大电路传递到输入。输入端的 ⊕ 表示信号 $\dot{X}_i$ 和 $\dot{X}_f$ 在此叠加，"+"号和"−"号表明 $\dot{X}_i$、$\dot{X}_f$ 和 $\dot{X}_i'$ 之间的关系为

$$\dot{X}_i' = \dot{X}_i - \dot{X}_f \tag{5.1.1}$$

在信号的中频段，$\dot{X}_i$、$\dot{X}_f$ 和 $\dot{X}_i'$ 均为实数，所以可写成

$$|\dot{X}'_i| = |\dot{X}_i| - |\dot{X}_f| \text{ 或 } X'_i = X_i - X_f \tag{5.1.2}$$

在方块图中定义基本放大电路的放大倍数为

$$\dot{A} = \frac{\dot{X}_o}{\dot{X}'_i} \tag{5.1.3}$$

反馈系数

$$\dot{F} = \frac{\dot{X}_f}{\dot{X}_o} \tag{5.1.4}$$

负反馈放大电路的放大倍数(也称闭环放大倍数)为

$$\dot{A}_f = \frac{\dot{X}_o}{\dot{X}_i} \tag{5.1.5}$$

根据式(5.1.3)、式(5.1.4)可得

$$\dot{A}\dot{F} = \frac{\dot{X}_f}{\dot{X}'_i} \tag{5.1.6}$$

式中:$\dot{A}\dot{F}$称为电路的环路放大倍数。

2. 负反馈放大电路的一般表达式

根据式(5.1.3)、式(5.1.4)、式(5.1.5)、式(5.1.6),可得

$$\dot{A}_f = \frac{\dot{X}_o}{\dot{X}_i} = \frac{\dot{X}_o}{\dot{X}'_i + \dot{X}_f} = \frac{\dot{A}\dot{X}'_i}{\dot{X}'_i + \dot{A}\dot{F}\dot{X}'_i}$$

由此得到$\dot{A}_f$的一般表达式为

$$\dot{A}_f = \frac{\dot{A}}{1 + \dot{A}\dot{F}} \tag{5.1.7}$$

在中频段,$\dot{A}_f$、$\dot{A}$ 和 $\dot{F}$ 均为实数,因此式(5.1.7)可写成为

$$A_f = \frac{A}{1 + AF} \tag{5.1.8}$$

当电路引入负反馈时,$AF > 0$,表明引入负反馈后电路的放大倍数等于基本放大电路放大倍数的$1/(1+AF)$,而且 A、F 和 A_f 的符号均相同。

倘若在分析中发现$\dot{A}\dot{F} < 0$,即 $1 + \dot{A}\dot{F} < 1$,所以$|\dot{A}_f| > |\dot{A}|$,则说明电路中引入了正反馈;而若$\dot{A}\dot{F} = -1$,使 $1 + \dot{A}\dot{F} = 0$,则说明电路在输入量为零时就有输出,称电路产生了自激振荡。

若电路引入深度负反馈,即 $1 + AF \gg 1$,则

$$A_f \approx \frac{1}{F} \tag{5.1.9}$$

式(5.1.9)表明放大倍数几乎仅取决于反馈网络,与基本放大电路无关。由

于反馈网络常为无源网络,受环境温度的影响极小,因而放大倍数获得很高的稳定性。从深度负反馈的条件可知,反馈网络的参数确定后,基本放大电路的放大能力越强,即 A 的数值越大,反馈越深,A_f 与 $1/F$ 的近似程度越好。

大多数负反馈放大电路,特别是用集成运放组成的负反馈放大电路,一般均满足 $1 + AF \gg 1$ 的条件,因而在近似分析中均可认为 $A_f \approx 1/F$,而不必求出 A,当然也就不必定量分析基本放大电路了。

应当指出,通常所说的负反馈放大电路是指中频段的反馈极性;当信号频率进入低频段或高频段时,由于附加相移的产生,负反馈放大电路可能对某一特定频率产生正反馈过程,甚至产生自激振荡。

3. 深度负反馈的实质

在负反馈放大电路的一般表达式中,若 $|1 + \dot{A}\dot{F}| \gg 1$,则

$$\dot{A}_f \approx \frac{1}{\dot{F}} \tag{5.1.10}$$

根据 $\dot{A}_f$ 和 $\dot{F}$ 的定义,有

$$\dot{A}_f = \frac{\dot{X}_o}{\dot{X}_i}, \dot{F} = \frac{\dot{X}_f}{\dot{X}_o}, \dot{A}_f \approx \frac{1}{\dot{F}} = \frac{\dot{X}_o}{\dot{X}_i}$$

说明 $\dot{X}_i \approx \dot{X}_f$。可见,深度负反馈的实质是在近似分析中忽略净输入量。但不同组态,可忽略的净输入量也将不同。当电路引入深度串联负反馈时,有

$$\dot{U}_i \approx \dot{U}_f \tag{5.1.11}$$

认为净输入电压 $\dot{U}'_i$ 可忽略不计。当电路引入深度并联负反馈时,有

$$\dot{I}_i \approx \dot{I}_f \tag{5.1.12}$$

认为净输入电压 $\dot{I}'_i$ 可忽略不计。

利用式(5.1.10)、式(5.1.11)、式(5.1.12)可以求出四种不同组态负反馈放大电路的放大倍数。

想一想

1. 为什么说"反馈量是仅仅决定于输出量的物理量"?在判断反馈极性时如何体现上述概念?

2. 说明在负反馈放大电路的方块图中,什么是反馈网络,什么是基本放大电路?在研究负反馈放大电路时,为什么重点研究反馈网络,而不是基本放大电路?

3. 为什么集成运放引入的负反馈通常可以认为是深度负反馈？

第二节 反馈的类型及判断

相关知识

除了反馈的极性不同外，在实际设计放大电路时，可以根据不同的需要和目的引入各种不同类型的反馈。

一、直流反馈与交流反馈

按照反馈信号中包含的交、直流成分，反馈可分为直流反馈和交流反馈。如果反馈量只含有直流量，则成为直流反馈；如果反馈量只含有交流量，则为交流反馈。或者说，仅在直流通路中存在的反馈称为直流反馈；仅在交流通路中存在的反馈称为交流反馈。在很多放大电路中，常常是交、直流反馈兼而有之。

直流负反馈影响放大电路的直流性能，主要用于稳定放大电路的静态工作点；交流负反馈影响放大电路的交流性能，主要用于改善放大电路的动态性能。本节重点研究交流负反馈。

根据直流反馈和交流反馈的定义，可以通过反馈存在于放大电路的直流通路之中还是交流通路之中，来判断电路引入的是直流反馈还是交流反馈。若反馈通路是直流通路，则为直流反馈；若反馈通路为交流通路，则为交流反馈；若反馈通路中既有交流成分又有直流成分，则为交、直流反馈。

【例1】判断图 5.2.1 所示电路的反馈是直流反馈还是交流反馈。

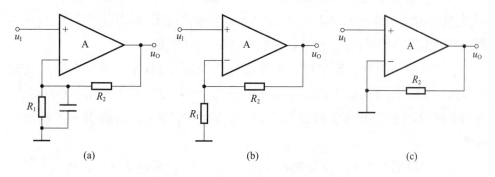

图 5.2.1 直流反馈和交流反馈的判断

在图 5.2.1(a)所示电路中,已知电容 C 对交流信号可视为短路,因而它的直流通路和交流通路分别如图(b)和图(c)所示,由图中所示电路相比较可知,图(a)所示电路中只引入了直流反馈,而没有引入交流反馈。

【例2】判断图 5.2.2 所示电路中是否引入了级间反馈;若引入了反馈,则判断是直流反馈还是交流反馈,是正反馈还是负反馈?

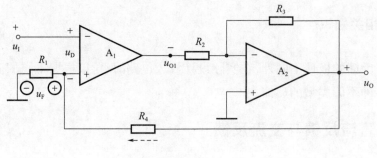

图 5.2.2

观察图 5.5.2 所示电路,电阻 R_4 将输出回路与输入回路相连接,故电路中引入了反馈。又因为无论在直流通路还是在交流通路中,反馈通路均存在,所以电路中既引入了直流反馈也引入了交流反馈。

利用瞬时极性法可以判断反馈的极性。设输入电压 u_1 的极性对地为正,集成运放 A_1 的输出电位 U_{o1} 为负,即后级电路的输入电压对地为负,故输出电压 u_O 对地为正,u_O 作用于 R_4 和 R_1 回路,所产生的电流(如图 5.2.2 中所示)在 R_1 上获得反馈电压 u_F,由于 u_F 使 A_1 的净输入电压 u_D 减小,故电路中引入了负反馈。

二、电压反馈与电流反馈

按照反馈信号从输出端的取样,反馈可分为电压反馈和电流反馈。在输出端,若反馈网络与输出回路串联,即反馈量取自输出电压,称为电压反馈;若反馈网络与输出回路并联,即反馈量取自输出电流,称为电流反馈。

电压反馈还是电流反馈可以根据短路法判断:将负反馈放大电路的输出端短路,(即令负反馈放大电路的输出电压 u_O 为零),若反馈量也随之为零,则说明电路引入了电压负反馈;若反馈量依然存在,则说明电路引入了电流负反馈。

也可以根据反馈线的连接判断:除公共地线外,若输出线与反馈线接在同一点上,则为电压反馈;若输出线与反馈线接在不同点上,则为电流反馈。

【例3】判断图 5.2.3 所示电路中引入的反馈。

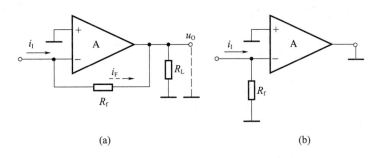

图 5.2.3 电压反馈与电流反馈的判断(一)

图 5.2.3(a)所示电路中引入了交流负反馈,输入电流 i_I 与反馈电流 i_F 如图中所示。令输出电压 u_O 为零,即将集成运放的输出端接地,便得到图(b)所示电路。

此时,虽然反馈电阻 R_f 中仍有电流,但那是输入电流 i_I 作用的结果,而因为输出电压 u_O 为零,所以它在 R_f 中产生的电流(即反馈电流)也必然为零,故电路中引入的是电压反馈。

【例4】判断图 5.2.4 所示电路中引入的反馈。

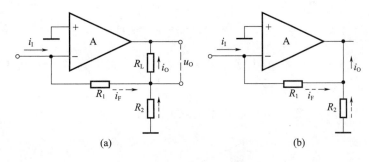

图 5.2.4 电压反馈与电流反馈的判断(二)

图 5.2.4(a)所示电路中引入了交流负反馈,各支路电流如图中所示。令输出电压 u_O 为零,即将负载电阻 R_L 两端短路,便得到图(b)所示电路。因为输出电流 i_O 仅受集成运放输入信号的控制,所以即使 R_L 短路,i_O 也并不为零;说明反馈量依然存在,故电路中引入的是电流反馈。

三、串联反馈与并联反馈

按照反馈网络和基本放大电路在输入端连接方式的不同,反馈可分为串联反馈和并联反馈。在输入端,若反馈网络与基本放大电路串联,即反馈量与输入量以电压形式叠加,则称为串联反馈;若反馈网络与基本放大电路并联,即反馈量与输入量以电流形式叠加,则称为并联反馈。

根据定义,串联反馈还是并联反馈可以根据叠加的信号判断:若反馈信号为电压量,与输入电压求差而获得净输入电压,则为串联反馈;若反馈信号为电流量,与输入电流求差获得净输入电流,则为并联反馈。

另外,还可以根据反馈信号与输入信号的接法判断:除公共地线外,在输入端,若反馈信号和输入信号同时加于同一端或同一电极,则为并联反馈;若反馈信号和输入信号同时加于两个输入端或两个电极,则为串联反馈。

【例5】 判断图 5.2.5 所示电路中引入的反馈。

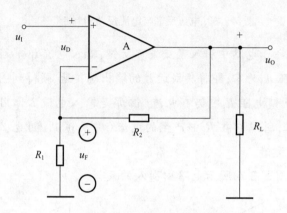

图 5.2.5　串联反馈与并联反馈的判断(一)

在图 5.2.5 所示电路中,集成运放的净输入量为电压量,净输入电压 $u_D = u_I - u_F$,故电路中引入了串联反馈。

【例6】 判断图 5.2.6 所示电路中引入的反馈。

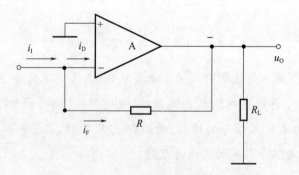

图 5.2.6　串联反馈与并联反馈的判断(二)

在图 5.2.6 所示电路中,集成运放的净输入量为电流量,净输入电流 $i_D = i_I - i_F$,故电路中引入了并联反馈。

四、负反馈放大电路的四种组态

通常,引入了交流负反馈的放大电路称为负反馈放大电路。考虑到负反馈放大电路中反馈信号在输出端的取样方式以及在输入回路连接方式的不同组合,负反馈可以分为四种组态,即电压串联、电压并联、电流串联和电流并联。

1. 电压串联负反馈电路

电压串联负反馈电路各点电位的瞬时极性如图5.2.7所示。

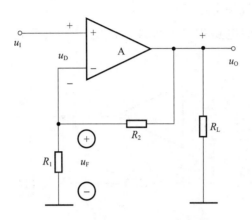

图 5.2.7　电压串联负反馈电路

由图 5.2.7 可知,反馈量

$$u_F = \frac{R_1}{R_1 + R_2} \cdot u_O \tag{5.2.1}$$

表明反馈量取自于输出电压 u_O,且正比于 u_O,并将与输入电压 u_1 求差后放大,故电路引入了电压串联负反馈。

2. 电流串联负反馈电路

电流串联负反馈电路相关电位及电流的瞬时极性和电流流向如图5.2.8所示。

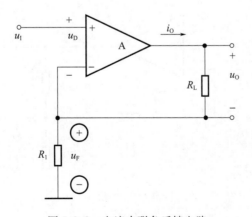

图 5.2.8　电流串联负反馈电路

由图 5.2.8 可知,反馈量

$$u_F = i_O R_1 \tag{5.2.2}$$

表明反馈量取自于输出电流 i_O,且转换为反馈电压 u_F,并将与输入电压 u_I 求差后放大,故电路引入了电流串联负反馈。

3. 电压并联负反馈电路

电压并联负反馈电路相关电位及电流的瞬时极性和电流流向如图 5.2.9 所示。

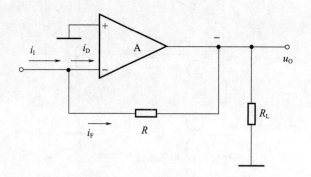

图 5.2.9 电压并联负反馈电路

由图 5.2.9 可知,反馈量

$$i_F = -\frac{u_O}{R} \tag{5.2.3}$$

表明反馈量取自于输出电压 u_O,且转换为反馈电流 i_F,并将与输入电流 i_I 求差后放大,故电路引入了电压并联负反馈。

4. 电流并联负反馈电路

电流并联负反馈电路各支路电流的瞬时极性如图 5.2.10 所示。

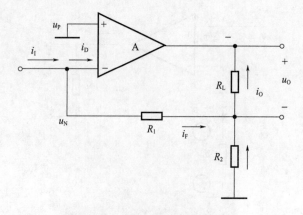

图 5.2.10 电流并联负反馈电路

由图 5.2.10 可知,反馈量

$$i_F = -\frac{R_1}{R_1 + R_2} \cdot i_O \qquad (5.2.4)$$

表明反馈量取自于输出电流 i_O,且转换为反馈电流 i_F,并将与输入电流 i_I 求差后放大,故电路引入了电流并联负反馈。

由上述四个电路可知,串联负反馈电路所加信号源均为电压源,这是因为若加恒流源,则电路的净输入电压将等于信号源电流与集成运放输入电阻之积,而不受反馈电压的影响;同理,并联负反馈电路所加信号源均为电流源,这是因为若加恒压源,则电路的净输入电流将等于信号源电压除以集成运放输入电阻,而不受反馈电流的影响。换言之,串联负反馈适用于输入信号为恒压源或近似恒压源的情况,而并联负反馈适用于输入信号为恒流源或近似恒流源的情况。

综上所述,放大电路中应引入电压负反馈还是电流负反馈,取决于负载欲得到稳定的电压还是稳定的电流;放大电路中应引入串联负反馈还是并联负反馈,取决于输入信号源是恒压源(或近似恒压源)还是恒流源(或近似恒流源)。

【例7】试分析图 5.2.11 所示电路中有无引入反馈;若有反馈,则说明引入的是直流反馈还是交流反馈,是正反馈还是负反馈? 若为交流负反馈,说明反馈的组态。

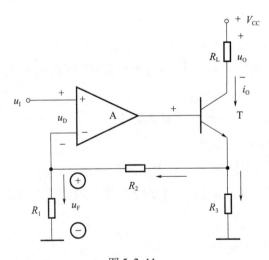

图 5.2.11

解: 观察电路,R_2 将输出回路与输入回路向连接,因而电路引入了反馈。无论在直流通路中,还是在交流通路中,R_2 形成的反馈通路均存在,因而电路中既引入了直流反馈,又引入了交流反馈。

设输入电压 u_I 对地为"+",集成运放的输出端电位(即晶体管 T 的基极电位)为"+",因此集电极电流(即输出电流 i_O)的流向如图所示。i_O 通过 R_2 和 R_3 所在支路分流,在 R_1 上获得反馈电压 u_F,u_F 的极性为上"+"下"-",使集成运放的净输入电压 u_D 减小,故电路中引入的是负反馈。

根据 u_I、u_F 和 u_D 的关系,说明电路引入的是串联反馈。令输出电压 $u_O = 0$,即将 R_L 短路,因 i_O 仅受 i_B 的控制而依然存在,u_F 和 i_O 的关系不变,故电路中引入的是电流反馈。所以电路中引入了电流串联负反馈。

【例8】 试分析图 5.2.12 所示电路中引入了哪种组态的交流负反馈。

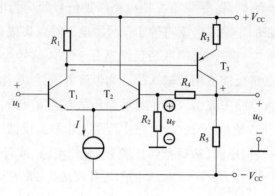

图 5.2.12

解:在假设输入电压 u_I 对地为"+"的情况下,电路中各点的电位如图所示,在电阻 R_2 上获得反馈电压 u_F。u_F 使差分放大电路的净输入电压(即 T_1 管和 T_2 管的基极电位之差)变小,故电路中引入了串联反馈。

令输出电压 $u_O = 0$,即将 T_3 管的集电极接地,将使 u_F 为零,故电路中引入了电压负反馈。

所以,该电路中引入了电压串联负反馈。

5. 四种组态电路的方块图

若将负反馈放大电路的基本放大电路与反馈网络均看成为两端口网络,则不同反馈组态表明两个网络的不同连接方式。四种反馈组态电路的方块图如图 5.2.13 所示。

其中图(a)所示为电压串联负反馈电路,图(b)所示为电流串联负反馈电路,图(c)所示为电压并联负反馈电路,图(d)所示为电流并联负反馈电路。

由于电压负反馈电路中 $\dot{X}_o = \dot{U}_o$,电流负反馈电路中 $\dot{X}_o = \dot{I}_o$,串联负反馈电路中 $\dot{X}_i = \dot{U}_i$,$\dot{X}'_i = \dot{U}'_i$,$\dot{X}_f = \dot{U}_f$,并联负反馈电路中 $\dot{X}_i = \dot{I}_i$,$\dot{X}'_i = \dot{I}'_i$,$\dot{X}_f = \dot{I}_f$,因此,不同的反馈组态,$\dot{A}_f$、$\dot{A}$ 和 $\dot{F}$ 的物理意义不同,量纲也不同,电路实现的控制关系不同,因而功能也就不同,具体如表 5.2.1 所示。

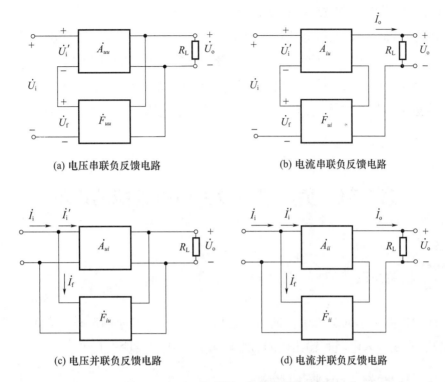

图 5.2.13 四种反馈组态电路的方块图

表 5.2.1 四种组态负反馈放大电路的比较

反馈组态	$\dot{X}_i \dot{X}_f \dot{X}_i'$	$\dot{X}_o$	$\dot{A}$	$\dot{F}$	$\dot{A}_f$	功能
电压串联	$\dot{U}_i \dot{U}_f \dot{U}_i'$	$\dot{U}_o$	$\dot{A}_{uu} = \dfrac{\dot{U}_o}{\dot{U}_i'}$	$\dot{F}_{uu} = \dfrac{\dot{U}_f}{\dot{U}_o}$	$\dot{A}_{uuf} = \dfrac{\dot{U}_o}{\dot{U}_i}$	$\dot{U}_i$ 控制 $\dot{U}_o$ 电压放大
电流并联	$\dot{U}_i \dot{U}_f \dot{U}_i'$	$\dot{I}_o$	$\dot{A}_{iu} = \dfrac{\dot{I}_o}{\dot{U}_i'}$	$\dot{F}_{ui} = \dfrac{\dot{U}_f}{\dot{I}_o}$	$\dot{A}_{iuf} = \dfrac{\dot{I}_o}{\dot{U}_i}$	$\dot{U}_i$ 控制 $\dot{I}_o$ 电压转换成电流
电压并联	$\dot{I}_i \dot{I}_f \dot{I}_i'$	$\dot{U}_o$	$\dot{A}_{iu} = \dfrac{\dot{U}_o}{\dot{I}_i'}$	$\dot{F}_{iu} = \dfrac{\dot{I}_f}{\dot{U}_o}$	$\dot{A}_{iuf} = \dfrac{\dot{U}_o}{\dot{I}_i}$	$\dot{I}_i$ 控制 $\dot{U}_o$ 电流转换成电压
电流并联	$\dot{I}_i \dot{I}_f \dot{I}_i'$	$\dot{I}_o$	$\dot{A}_{ii} = \dfrac{\dot{I}_o}{\dot{I}_i'}$	$\dot{F}_{ii} = \dfrac{\dot{I}_f}{\dot{I}_o}$	$\dot{A}_{iif} = \dfrac{\dot{I}_o}{\dot{I}_i}$	$\dot{I}_i$ 控制 $\dot{I}_o$ 电流放大

表 5.2.1 说明,负反馈放大电路的放大倍数具有广泛的含义,而且环路放大倍数 $\dot{A}\dot{F}$ 在四种组态中均无量纲。

1."直接耦合放大电路只能引入直流反馈,阻容耦合放大电路只能引入交流反馈",这种说法正确吗？举例说明。

2. 在图 5.5.12 所示电路中,当输出电压为零时,电阻 R_2 上电压不为零。为什么认为这个电路引入的是电压负反馈,而不是电流负反馈？

3. 利用图 5.5.13 所示方块图说明为什么串联负反馈适用于输入信号为恒压源或近似恒压源的情况,而并联负反馈适用于输入信号为恒流源或近似恒流源的情况。

第三节 负反馈对放大电路性能的影响

相关知识

放大电路中引入交流负反馈后,其性能会得到多方面的改善,例如,稳定放大倍数,改变输入电阻和输出电阻,展宽频带,减小非线性失真等。

一、提高放大倍数稳定性

当放大电路引入深度负反馈时,$\dot{A}_f \approx 1/\dot{F}$,$\dot{A}_f$ 几乎仅取决于反馈网络,而反馈网络通常由电阻、电容组成,因而可获得很好的稳定性。那么,就一般情况而言,是否引入交流负反馈就一定使 $\dot{A}_f$ 得到稳定呢？

在中频段,$\dot{A}_f$、$\dot{A}$ 和 $\dot{F}$ 均为实数,$\dot{A}_f$ 的表达式可写成

$$A_f = \frac{A}{1+AF} \tag{5.3.1}$$

对上式求微分,得

$$dA_f = \frac{(1+AF)dA - AFdA}{(1+AF)^2} = \frac{dA}{(1+AF)^2} \tag{5.3.2}$$

用式(5.3.2)的左右项分别除以式(5.3.1)的左右项,可得

$$\frac{dA_f}{A_f} = \frac{1}{1+AF} \cdot \frac{dA}{A} \tag{5.3.3}$$

式(5.3.3)表明,负反馈放大电路放大倍数 A_f 的相对变化量 dA_f/A_f 仅为其基本放大电路放大倍数 A 的相对变化量 dA/A 的 $1/(1+AF)$,也就是说 A_f 的稳定性是 A 的 $(1+AF)$ 倍。

例如,当 A 变化 10% 时,若 $1+AF=100$,则 A_f 仅变化 0.1%。

对式(5.3.3)的内涵进行分析可知,引入交流负反馈,因环境温度的变化、电源电压的波动、元件的老化、器件的更换等原因引起的放大倍数的变化都将减小。特别是在制成产品时,因半导体器件参数的分散性所造成的放大倍数的差别也将明显减小,从而使放大能力具有很好的一致性。

应当指出,A_f 的稳定性是以损失放大倍数为代价的,即 A_f 减小到 A 的 $1/(1+AF)$,才使其稳定性提高到 A 的 $(1+AF)$ 倍。

二、改变输入电阻和输出电阻

在放大电路中引入不同组态的交流负反馈,将对输入电阻和输出电阻产生不同的影响。

1. 对输入电阻的影响

输入电阻是从放大电路输入端看进去的等效电阻,因而负反馈对输入电阻的影响,取决于基本放大电路与反馈网络在电路输入端的连接方式,即取决于电路引入的是串联反馈还是并联反馈。

(1)串联负反馈增大输入电阻。

图 5.3.1 所示为串联负反馈放大电路的方块图。

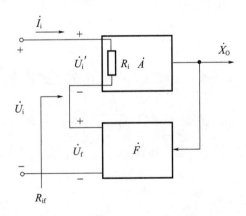

图 5.3.1　串联负反馈电路的方块图

根据输入电阻的定义,基本放大电路的输入电阻

$$R_i = \frac{U_i'}{I_i}$$

而整个电路的输入电阻

$$R_{if} = \frac{U_i}{I_i} = \frac{U_i' + U_f}{I_i} = \frac{U_i' + AFU_i'}{I_i}$$

从而得出串联负反馈放大电路输入电阻 R_{if} 的表达式为

$$R_{if} = (1+AF)R_i \tag{5.3.4}$$

表明引入串联负反馈后,输入电阻增大到 R_i 的 $(1+AF)$ 倍。

(2) 并联负反馈减小输入电阻。

并联负反馈放大电路的方块图如图 5.3.2 所示。

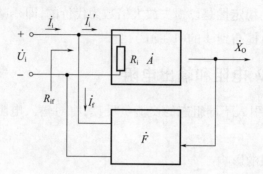

图 5.3.2 并联负反馈电路的方块图

根据输入电阻的定义,基本放大电路的输入电阻

$$R_i = \frac{U_i}{I_i'}$$

而整个电路的输入电阻

$$R_{if} = \frac{U_i}{I_i} = \frac{U_i}{I_i' + I_f} = \frac{U_i}{I_i' + AFI_i'}$$

从而得出并联负反馈放大电路输入电阻 R_{if} 的表达式为

$$R_{if} = \frac{R_i}{1+AF} \tag{5.3.5}$$

表明引入并联负反馈后,输入电阻减小,仅为基本放大电路输入电阻 R_i 的 $1/(1+AF)$。

2. 对输出电阻的影响

输出电阻是从放大电路输出端看进去的等效内阻,因而负反馈对输出电阻的影响,取决于基本放大电路与反馈网络在放大电路输出端的连接方式,即取决于电路引入的是电压反馈还是电流反馈。

(1) 电压负反馈减小输出电阻。

电压负反馈的作用是稳定输出电压,故必然使其输出电阻减小。电压负反馈放大电路的方块图如图 5.3.3 所示。

令输入量 $X_i = 0$,在输出端加交流电压 U_o,产生电流 I_o,则电路的输出电阻为

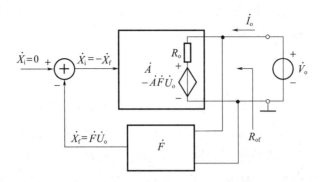

图 5.3.3 电压负反馈电路的方块图

$$R_{of} = \frac{U_o}{I_o} \tag{5.3.6}$$

U_o 作用于反馈网络,得到反馈量 $X_f = FU_o$, $-X_f$ 又作为净输入量作用于基本放大电路,产生输出电压为 $-AFU_o$。基本放大电路的输出电阻为 R_o,因为在基本放大电路中已考虑了反馈网络的负载效应,所以可以不必重复考虑反馈网络的影响,因而 R_o 中的电流为 I_o,其表达式为

$$I_o = \frac{U_o - (-AFU_o)}{R_o} = \frac{(1+AF)U_o}{R_o}$$

将上式代入式(5.3.6),得到电压负反馈放大电路输出电阻 R_{of} 的表达式为

$$R_{of} = \frac{R_o}{1+AF} \tag{5.3.7}$$

式(5.3.7)表明引入电压负反馈后,输出电阻仅为其基本放大电路输出电阻 R_o 的 $1/(1+AF)$。当 $(1+AF)$ 趋于无穷大时,R_{of} 趋于零,此时电压负反馈电路的输出具有恒压源特性。

(2)电流负反馈增大输出电阻。

电流负反馈的作用是稳定输出电流,故必然使其输出电阻增大。图 5.3.4 所示为电流负反馈放大电路的方块图。

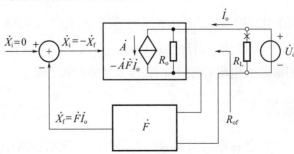

图 5.3.4 电流负反馈电路的方块图

令输入量 $X_i=0$,在输出端断开负载电阻并外加交流电压 U_o,由此产生了电流 I_o,则电路的输出电阻为

$$R_{of} = \frac{U_o}{I_o} \qquad (5.3.8)$$

I_o 作用于反馈网络,得到反馈量 $X_f = FI_o$, $-X_f$ 又作为净输入量作用于基本放大电路,所产生的输出电流为 $-AFI_o$。R_o 为基本放大电路的输出电阻,由于在基本放大电路中已经考虑了反馈网络的负载效应,所以可以认为此时作用于反馈网络的输入电压为零,即 R_o 上的电压为 U_o,因此,流入基本放大电路的电流 I_o 为

$$I_o = \frac{U_o}{R_o} + (-AFI_o)$$

即

$$I_o = \frac{\frac{U_o}{R_o}}{1+AF}$$

将上式代入式(5.3.8),便得到电流负反馈放大电路输出电阻 R_{of} 的表达式为

$$R_{of} = (1+AF)R_o \qquad (5.3.9)$$

式(5.3.9)表明引入电流负反馈后,R_{of} 增大到 R_o 的 $(1+AF)$ 倍。当 $(1+AF)$ 趋于无穷大时,R_{of} 也趋于无穷大,电路的输出等效为恒流源。

表5.3.1中列出了四种组态负反馈对放大电路输入电阻与输出电阻的影响。

表 5.3.1　交流负反馈对输入电阻、输出电阻的影响

反馈组态	电压串联	电流串联	电压并联	电流并联
R_{if}	增大(∞)	增大(∞)	减小(0)	减小(0)
R_{of}	减小(0)	增大(∞)	减小(0)	增大(∞)

表中括号内的"0"或"∞",表示在理想情况下,即当 $1+AF=\infty$ 时,输入电阻和输出电阻的值。可以认为由理想运放构成负反馈放大电路的 $(1+AF)$ 趋于无穷大,因而它们的输入电阻和输出电阻趋于表中的理想值。

三、展宽频带

由于引入反馈后,各种原因引起的放大倍数的变化都将减小,当然也包括因信号频率变化而引起的放大倍数的变化,因此其效果是展宽了通频带。

为了使问题简单化,设反馈网络为纯电阻网络,且在放大电路波特图的低频段和高频段各仅有一个拐点;基本放大电路的中频放大倍数为 A_m,上限频率为 f_H,下限频率为 f_L,引入负反馈后,负反馈放大电路的中频放大倍数为 A_{mf},上限频率为 f_{Hf},下限频率为 f_{Lf}。

通过分析可知,引入反馈后上限频率增大到基本放大电路的 $(1+A_mF)$ 倍,即

$$f_{Hf} = (1+A_mF)f_H \tag{5.3.10}$$

下限频率则减小到基本放大电路的 $1/(1+A_mF)$,即

$$f_{Lf} = \frac{f_L}{1+A_mF} \tag{5.3.11}$$

一般情况下,由于 $f_H \gg f_L, f_{Hf} \gg f_{Lf}$,因此,基本放大电路及负反馈放大电路的通频带可近似表示为

$$f_{bw} = f_H - f_L \approx f_H$$
$$f_{bwf} = f_{Hf} - f_{Lf} \approx f_{Hf}$$

可以得到

$$f_{bwf} = (1+A_mF)f_{Hf} \tag{5.3.12}$$

即引入负反馈使频带展宽到基本放大电路的 $(1+A_mF)$ 倍。

若放大电路的波特图中有多个拐点,且反馈网络不是纯电阻网络,则问题的分析就比较复杂了,但是频带展宽的趋势不变。

四、减小非线性失真

引入负反馈能改善非线性失真,可通过图 5.3.5 加以说明。

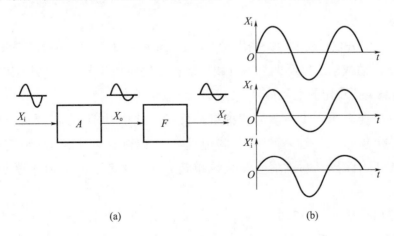

图 5.3.5 引入负反馈使非线性失真减小

设输入信号 X_i 为正弦波,无反馈时放大电路的输出信号 X_o 为正半周幅度大、负半周幅度小的失真正弦波,如图(a)中 X_o 波形。引入负反馈后,这种失真波形被引回到输入端,即 X_f 也为正半周幅度大、负半周幅度小的失真正弦波,由于 $X_i' = X_i - X_f$,因此 X_i' 的波形变为正半周幅度小、负半周幅度大的波形。换句话说,通过反馈使净输入信号产生预失真,而这种预失真正好补偿了放大电路因非线性产生的失真,使输出 X_o 的波形接近于正弦波。研究可证明,引入负反馈后,非线性失真可减小为无反馈时的 $1/(1+AF)$。

必须指出的是,由于负反馈的引入,在减小非线性失真的同时降低了输出幅度,而且负反馈只能减小放大电路内部引起的非线性失真,而对于信号本身固有的失真,并不能通过负反馈加以改善,且负反馈只能减小而不能消除非线性失真。

五、放大电路中引入负反馈的一般原则

引入负反馈可以改善放大电路多方面的性能,而且反馈组态不同,所产生的影响也各不相同。因此,在设计放大电路时,应根据需要和目的,引入合适的反馈,其一般原则是:

(1)为了稳定静态工作点,应引入直流反馈;为了改善电路的动态性能,应引入交流负反馈。

(2)根据信号源的性质决定引入串联负反馈或并联负反馈。当信号源为恒压源或内阻较小的电压源时,为增大放大电路的输入电阻,以减小信号源的输出电流和内阻上的压降,应引入串联负反馈。当信号源为恒流源或内阻很大的电压源时,为减小放大电路的输入电阻,使电路获得更大的输入电流,应引入并联负反馈。

(3)根据负载对放大电路输出量的要求,即负载对其信号源的要求,决定引入电压负反馈或电流负反馈。当负载需要稳定的电压信号时,应引入电压负反馈;当负载需要稳定的电流信号时,应引入电流负反馈。

(4)根据表 5.3.1 所示的四种组态反馈电路的功能,在需要进行信号变换时,选择合适的组态。例如,若将电流信号转换成电压信号,则应引入电压并联负反馈;若将电压信号转换成电流信号,则应引入电流串联负反馈;等等。

【例1】电路如图 5.3.6 所示,为了达到下列目的,分别说明应引入哪种组态的负反馈以及电路如何连接。

(1)减小放大电路从信号源索取的电流并增强带负载的能力;

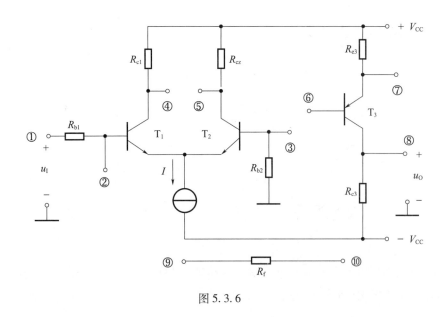

图 5.3.6

(2) 将输入电流 i_I 转换成与之成稳定线性关系的输出电流 i_O;

(3) 将输入电流 i_I 转换成稳定的输出电压 u_O。

解:若 u_I 瞬时极性对地为"+",则 T_1 管集电极电位为"-",T_2 管集电极电位为"+";而若要 T_3 管所谓发射极电位为"+",集电极电位为"-",则需将其基极接 T_2 管集电极,否则需将其基极接 T_1 管集电极。

(1) 电路需要增大输入电阻并且减小输出电阻,故应引入电压串联负反馈。

反馈信号从输出电压采样,故将⑧与⑩相连接;反馈量应为电压量,故将③与⑨相连接;这样,u_O 作用于 R_f 和 R_{b2} 回路,在 R_{b2} 上得到反馈电压 u_F。为了保证电路引入的为负反馈,当 u_I 对地为"+"时,u_F 应为上"+"下"-",即⑧的电位为"+",因此应将④与⑥连接起来。

结论:电路中应将④与⑥、③与⑨、⑧与⑩分别连接起来。

(2) 电路应引入电流并联负反馈。

将⑦与⑩、②与⑨分别相连,R_f 和 R_{e2} 对 i_O 分流,R_f 中的电流为反馈电流 i_F。为保证电路引入的是负反馈,当 u_I 对地为"+"时,i_F 应自输入流向输出,即应使⑦端的电位为"-",因此应将④与⑥连接起来。

结论:电路中应将④与⑥、⑦与⑩、②与⑨分别连接起来。

(3) 电路应引入电压并联负反馈。

电路中应将②与⑨、⑧与⑩、⑤与⑥分别连接起来。

1. 只要放大电路中引入交流负反馈,就可以使电压放大倍数的稳定性增强、频带展宽吗?为什么?

2. 试利用集成运放分别构成四种组态的负反馈放大电路,并求出它们在深度负反馈条件下的放大倍数。

本章小结

1. 在电子电路中,将输出量(输出电压或输出电流)的一部分或全部通过一定的电路形式作用到输入回路,用来影响其输入量(放大电路的输入电压或输入电流)的措施称为反馈。

2. 负反馈放大电路放大倍数的一般表达式为 $\dot{A}_f = \dfrac{\dot{A}}{1+\dot{A}\dot{F}}$,若 $|1+\dot{A}\dot{F}|\gg 1$,则在深度负反馈条件下,$\dot{A}_f \approx 1/\dot{F}$,即 $\dot{X}_i \approx \dot{X}_f$。若电路引入深度串联负反馈,则 $\dot{U}_i \approx \dot{U}_f$;若电路引入深度并联负反馈,则 $\dot{I}_i \dot{I}_f$。

3. 若反馈结果使输出量的变化(或净输入量)减小,则称为负反馈;反之,则称为正反馈。正反馈主要用于振荡电路,而负反馈主要用于改善放大电路的性能。正、负反馈用瞬时极性法来判断。

4. 若反馈存在于直流通路,则称为直流反馈;若反馈存在于交流通路,则称为交流反馈。直流负反馈常用来稳定静态工作点,而交流负反馈常用来改善放大电路的性能。

5. 交流负反馈有四种组态:电压串联负反馈,电压并联负反馈,电流串联负反馈,电流并联负反馈。反馈量取自输出电压的称为电压反馈;反馈量取自输出电流的称为电流反馈;若输入量与反馈量以电压形式叠加,则称为串联反馈;若输入量与反馈量以电流形式叠加,则称为并联反馈。反馈组态不同,$\dot{X}_i$、$\dot{X}_f$、$\dot{X}'_i$、$\dot{X}_o$ 的量纲就不同。

6. 引入交流负反馈后,可以提高放大倍数的稳定性、改变输入电阻和输出电阻、展宽频带、减小非线性失真等。引入不同组态的负反馈对放大电路性能的影响不尽相同,在使用电路中应根据需求引入合适组态的负反馈。

习题五

一、填空题

1. 电子电路中的反馈是指将_____的一部分或全部通过一定的电路形式作用到输入回路,用来影响_____的过程。

2. 根据反馈极性的不同,反馈可分为_____和_____,判断反馈极性的基本方法是_____。

3. 电路中引入直流负反馈主要用于_____,引入交流负反馈主要用于_____。

4. 放大电路中,在中频段,若 $AF>0$,表明电路引入了_____反馈,当 $1+AF\gg 1$ 时,则电路引入的是_____,此时,放大倍数仅取决于_____,即 $A_f=$_____。

5. 根据从输出端取样的量不同,反馈可以分为_____反馈和_____反馈,其判断方法是_____;根据在输入端叠加的量不同,反馈可以分为_____反馈和_____反馈。

二、选择题

1. 对于放大电路:

(1)所谓开环是指_____。

A. 无信号源　　　　　　　　　B. 无反馈通路
C. 无电源　　　　　　　　　　D. 无负载

(2)所谓闭环是指_____。

A. 考虑信号源内阻　　　　　　B. 存在反馈通路
C. 接入电源　　　　　　　　　D. 接入负载

2. 在输入量不变的情况下,若引入反馈后_____,则说明引入的反馈是负反馈。

A. 输入电阻增大　　　　　　　B. 输出量增大
C. 净输入量增大　　　　　　　D. 净输入量减小

3. 直流负反馈是指_____。

A. 直接耦合放大电路中所引入的负反馈
B. 只有放大直流信号时才有的负反馈

C. 在直流通路中的负反馈

4. 交流负反馈是指_____。

A. 阻容耦合放大电路中所引入的负反馈

B. 只有放大交流信号时才有的负反馈

C. 在交流通路中的负反馈

5. 为了实现下列目的,选择相应的选项。

　　A. 直流负反馈　　　　　　　　　　　　B. 交流负反馈

（1）为了稳定静态工作点,应引入_____；

（2）为了稳定放大倍数,应引入_____；

（3）为了改变输入电阻和输出电阻,应引入_____；

（4）为了抑制温漂,应引入_____；

（5）为了展宽频带,应引入_____。

6. 选择合适答案填入空内。

　　A. 电压　　　　　　　　　　　　　　　B. 电流

　　C. 串联　　　　　　　　　　　　　　　D. 并联

（1）为了稳定放大电路的输出电压,应引入_____负反馈；

（2）为了稳定放大电路的输出电流,应引入_____负反馈；

（3）为了增大放大电路的输入电阻,应引入_____负反馈；

（4）为了减小放大电路的输入电阻,应引入_____负反馈；

（5）为了增大放大电路的输出电阻,应引入_____负反馈；

（6）为了减小放大电路的输出电阻,应引入_____负反馈。

7. 已知交流负反馈有四种组态,选择合适的答案填入下列空格内。

　　A. 电压串联负反馈　　　　　　　　　　B. 电压并联负反馈

　　C. 电流串联负反馈　　　　　　　　　　D. 电流并联负反馈

（1）欲得到电流－电压转换电路,应在放大电路中引入_____；

（2）欲将电压信号转换成与之成比例的电流信号,应在放大电路中引入_____；

（3）欲减小电路从信号源索取的电流,增大带负载能力,应在放大电路中引入_____；

（4）欲从信号源获得更大的电流,并稳定输出电流,应在放大电路中引入_____。

三、是非题

1. 若放大电路的放大倍数为负,则引入的反馈一定是负反馈。（　　）

2. 负反馈放大电路的放大倍数与组成它的基本放大电路的放大倍数量纲相同。（　　）

3. 若放大电路引入负反馈，则负载电阻变化时，输出电压基本不变。（　　）

4. 阻容耦合放大电路的耦合电容、旁路电容越多，引入负反馈后越容易产生低频振荡。（　　）

5. 只要在放大电路中引入反馈，就一定能使其性能得到改善。（　　）

6. 放大电路的级数越多，引入的负反馈越强，电路的放大倍数也就越稳定。（　　）

7. 既然电流负反馈稳定输出电流，那么必然稳定输出电压。（　　）

8. 反馈量仅取决于输出量。（　　）

四、分析与应用题

1. 判断图 5-1 所示各电路中是否引入了反馈，是直流反馈还是交流反馈，是正反馈还是负反馈？设图中所有电容对交流信号均可视为短路。

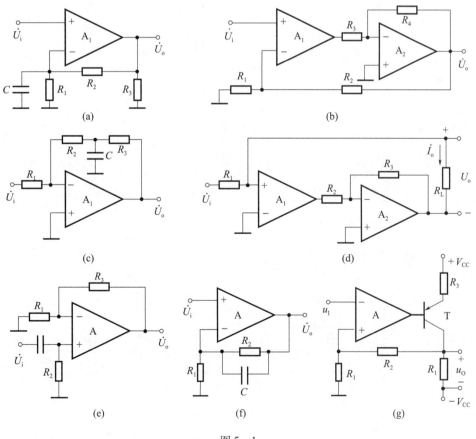

图 5-1

2. 判断图 5-2 所示各电路中是否引入了反馈；若引入了反馈，则判断是正反馈还是负反馈；若引入了交流负反馈，则判断是哪种组态的负反馈？

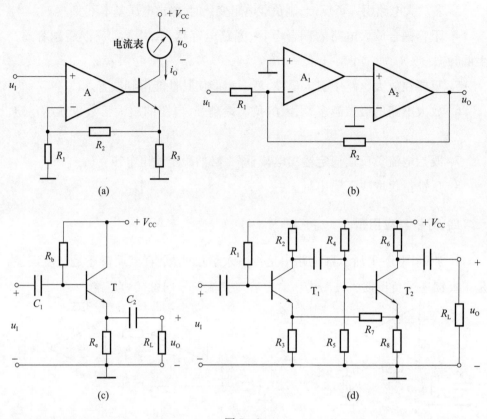

图 5-2

3. 电路如图 5-3 所示。(1) 合理连线，接入信号源和反馈，使电路的输入电阻增大，输出电阻减小；(2) 若 $|\dot{A}_u| = \dfrac{\dot{U}_o}{\dot{U}_i} = 20$，则 R_F 应取多少欧？

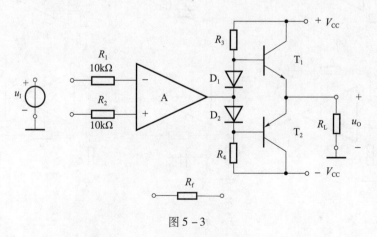

图 5-3

4. 电路如图 5-4 所示,已知集成运放的开环差模增益和差模输入电阻均近于无穷大,最大输出电压幅值为 ±14V。填空:电路引入了_____（填入反馈组态）交流负反馈,电路的输入电阻趋近于_____,电压放大倍数 $A_{uf} = \Delta u_O / \Delta u_I \approx$ _____。设 $u_I = 1V$,则 $u_O \approx$ _____V;若 R_1 开路,则 u_O 变为_____V;若 R_1 短路,则 u_O 变为_____V;若 R_2 开路,则 u_O 变为_____V;若 R_2 短路,则 u_O 变为_____V。

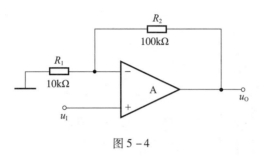

图 5-4

5. 以集成运放作为放大电路,引入合适的负反馈,分别达到下列目的,要求画出电路图。

(1) 实现电流-电压转换电路;

(2) 实现电压-电流转换电路;

(3) 实现输入电阻高、输出电压稳定的电压放大电路;

(4) 实现输入电阻低、输出电流稳定的电流放大电路。

第六章 功率放大电路

本章问题提要

1. 什么是功率放大电路？对功率放大电路的基本要求是什么？
2. 电压放大电路和功率放大电路有什么区别？
3. 什么是晶体管的甲类、乙类和甲乙类工作状态？
4. 互补式功放电路的输出功率是否为单管功放电路的2倍？
5. 在已知电源电压和负载电阻的情况下，如何估算出最大输出功率？
6. 在电源电压相同且负载电阻也相同的情况下，对于不同电路形式的功放，最大输出功率都相同吗？它们与电路中晶体管的工作状态（甲类、乙类）有关吗？什么样的电路转换效率高？
7. 功放管和小功率放大电路中晶体管的选择有何不同？如何选择？

在电子设备和自动控制系统中，放大电路的输出级要与实际负载相连接，这就要求电路能够输出足够大的功率来带动一定的负载，信号允许出现一定的失真，属于大信号放大，放大元件工作在非线性状态。能够为负载提供足够大功率的放大器，称为功率放大器，简称"功放"。功率放大器的用途广泛，与我们的生活十分贴近，如手机、电视机等都需要类似的功率放大器进行驱动。本章介绍功率放大电路的特点和工作原理。

第一节 功率放大电路的特点

相关知识

从能量控制和转换的角度看，功率放大电路与其他放大电路在本质上没有根本区别,只是功放既不是单纯追求输出高电压,也不是单纯追求输出大电流,而是追求在电源电压确定的情况下,输出尽可能大的功率。因此,从功放电路的组成和分析方法,到其元器件的选择,都与小信号放大电路有着明显区别。功放更关心的是功率、效率、失真、散热等问题。

一、主要技术指标

功率放大电路的主要技术指标为最大输出功率和转换效率。

1. 最大输出功率 P_{om}

功率放大电路提供给负载的信号功率称为输出功率。在输入为正弦波且输出基本不失真的条件下,输出功率是交流功率,表达式为 $P_o = I_o U_o$,式中 I_o 和 U_o 均为交流有效值。最大输出功率 P_{om} 是在电路参数确定的情况下负载上可能获得的最大交流功率。

2. 转换效率 η

功率放大电路的最大输出功率与电源所提供的功率之比称为转换功率。电源提供的功率是直流功率,其值等于电源输出电流平均值及电压之积。

通常功放输出功率大,电源消耗的直流功率也就多。因此,在一定的输出功率下,减小直流电源的功耗,就可以提高电路的效率。

二、对功率放大电路的要求

1. 输出功率要大

功率放大电路的任务是向负载提供足够大的功率,为了得到大功率输出,要求放大电路的输出电压和输出电流都要有足够大的变化量。

2. 效率要高

放大电路输出给负载的功率是直流电源提供的,在输出功率比较大的情况下,效率问题尤为突出。如果功率放大电路的效率不高,不仅造成能量的浪费,而且消耗在电路内部的电能将转换成为热量,使管子、元件等温度升高,不利于电路安全。所以说,不论从经济的角度还是安全的角度,都要求功率放大器有较高的效率。

3. 非线性失真要小

功率放大电路工作在大信号状态下,三极管的工作点在大范围内变化,不可避免地产生非线性失真,因此必须把非线性失真限制在允许的范围内。通常所说的输出功率,就是指失真限制在允许范围内的输出功率。

4. 晶体管要工作在极限状态

在功率放大电路中,为使输出功率尽可能大,要求晶体管工作在极限应用状态,即晶体管集电极电流最大时接近 I_{CM},管压降最大时接近 $U_{(BR)CEO}$,耗散功率最大时接近 P_{CM}。I_{CM}、$U_{(BR)CEO}$ 和 I_{CM} 都是晶体管的极限参数,分别是最大集电极电流、c—e 间承受的最大管压降和集电极最大耗散功率。因此,在选择功放管时,要特别注意极限参数的选择,以保证管子安全工作。

5. 功放管的散热要好

为了得到较大的输出功率,功率放大电路中三极管一般都是运用在极限状态,管耗很大,如果散热不好,很容易由于发热多、温度高而损坏,为此必须有很好的散热条件。

此外,因为功率放大电路的输出电压和输出电流幅值均很大,功放管特性曲线的非线性不可忽略,所以在分析功放电路时,不能采用仅适用于小信号的交流等效电路法,而应采用图解法。

三、功率放大电路的工作状态

在电源电压确定后,输出尽可能大的功率和提高转换效率始终是功率放大电路要研究的主要问题。理论分析证明:放大电路效率的高低与三极管导通角有着密切的关系。

在分析电路工作情况时,常用三极管在信号的一个周期内导通的角度作为工作状态分类的标准。

1. 甲类工作状态

若晶体管在输入信号的整个周期内均导通,即导通角 $\theta = 2\pi$,则称为甲类工作状态,如图 6.1.1 所示。

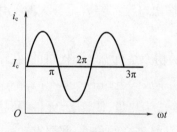

图 6.1.1 甲类($\theta = 2\pi$)

甲类功率放大电路波形失真小,但三极管的静态电流比较大,故晶体管管耗大,在要求不高、功率不大的情况下可以采用甲类放大,但是由于工作在这种状态下的放大电路效率太低(不超过 50%),一般很少采用。

2. 乙类工作状态

若晶体管在输入信号的整个周期内只有半个周期导通,即导通角 $\theta = \pi$,则称为乙类工作状态,如图 6.1.2 所示。

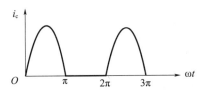

图 6.1.2　乙类($\theta = \pi$)

乙类功率放大电路波形失真大,但三极管的静态电流为零,故晶体管管耗小,效率高(最高可达 78.5%),在功率放大电路中得到了广泛应用。

3. 甲乙类工作状态

若晶体管在输入信号的整个周期内有多半个周期导通,即导通角 $\pi < \theta < 2\pi$,则称为甲乙类工作状态,如图 6.1.3 所示。

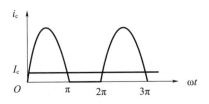

图 6.1.3　甲乙类($\pi < \theta < 2\pi$)

甲乙类功率放大电路的非线性失真和效率均在甲、乙类之间。

提高功放效率的根本途径是减小功放管的功耗。一种方法是减小功放管的导通角,增大其在一个信号周期内的截止时间,从而减小管子所消耗的平均功率。因而在有些功放中,功放管工作在丙类状态,即导通角 θ 小于 180°。另一种方法是使功放管工作在开关状态,也称为丁类状态,此时管子仅在饱和导通时消耗功率,而且由于管压降很小,故无论电流大小,管子的瞬时功率都不大,因此管子的平均功耗也不大,电路的效率必然较高。但是,应当指出,当功放中的功放管工作在丙类或丁类状态时,集电极电流将严重失真,因此必须采取措施消除失真,如采取谐振功率放大电路,从而使负载获得基本不失真的信号功率。

1. 电压放大电路和功率放大电路有什么区别? 如何评价功率放大电路?
2. 功率放大电路的输出功率是交流功率还是直流功率?
3. 为什么单管放大电路不适宜做功率放大电路?

第二节 互补功率放大电路

相关知识

前面讨论过,射极输出器有输入电阻高、输出电阻低、带负载能力强等特点,很适宜作功率放大电路,但单管射极输出器静态功耗大。为了解决这个问题,多采用互补对称推挽电路。目前使用最广泛的是无输出变压器的功率放大电路(OTL 电路)和无输出电容的功率放大电路(OCL 电路)。本节以 OCL 电路为例介绍功率放大电路的工作原理及参数分析。

一、OCL 电路的组成及工作原理

采用正、负电源构成的 OCL 乙类双电源互补对称功率放大电路如图 6.2.1 所示。

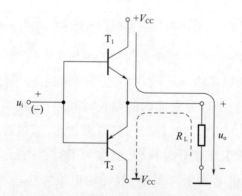

图 6.2.1　OCL 乙类双电源互补对称功率放大电路

T_1 和 T_2 分别为 NPN 型管和 PNP 型管,且 T_1 和 T_2 两个管子特性相同。两管的基极和发射极分别连接在一起,采用双电源供电,信号从基极输入,从发射极输出,R_L 为负载。

静态时,即 $u_i=0$ 时,T_1 和 T_2 均截止,两管的 I_{BQ}、I_{CQ} 均为零,因此输出电压 $u_o=0$,此时电路不消耗功率。

当放大电路输入正弦信号 u_i 时,在 u_i 正半周,T_2 因发射结反偏而截止,T_1 正偏导通,$+V_{CC}$ 通过 T_1 向 R_L 提供电流,产生输出电压 u_o 的正半周,电路为射极输出形式,$u_o \approx u_i$;在 u_i 负半周,T_1 因发射结反偏而截止,T_2 正偏导通,$-V_{CC}$ 通过 T_2

向 R_L 提供电流,产生输出电压 u_o 的负半周,电路也为射极输出形式,$u_o \approx u_i$。可见,电路中 T_1 和 T_2 交替工作,正、负电源交替供电,输出与输入之间双向跟随。又因为射极输出器的输出电阻很低,所以互补对称放大电路具有较强的带负载能力,实现功率放大作用。

二、功率放大电路参数分析计算

功率放大电路最重要的技术指标是电路的最大输出功率 P_{om} 及效率 η。为了求解,需优先求出负载上能够得到的最大输出电压幅值。当输入电压足够大,且又不产生饱和失真时,电路的图解分析如图 6.2.2 所示。

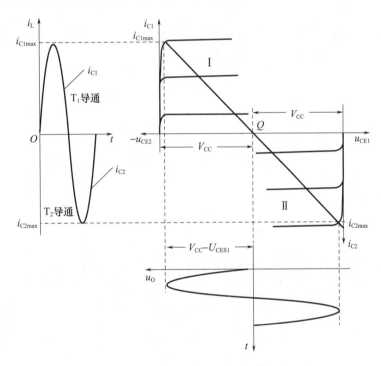

图 6.2.2 OCL 电路的图解分析

图中 I 区为 T_1 管的输出特性,II 区为 T_2 管的输出特性。因两只管子的静态电流为零,所以可以认为静态工作点在横轴上,因而最大输出电压幅值等于电源电压减去晶体管的饱和管压降,即 $V_{CC} - U_{CES1}$。

实际上,即使不作图解也能得到同样的结论。可以想象,在正弦波信号的正半周,u_i 从零逐渐增大时,输出电压随之逐渐增大,T_1 管管压降必然逐渐减小,当管压降下降到饱和管压降时,输出电压达到最大幅值,其值为 $V_{CC} - U_{CES1}$,因此最大不失真输出电压有效值为

$$U_{om} = \frac{V_{CC} - U_{CES1}}{\sqrt{2}}$$

设饱和管压降

$$U_{CES1} = -U_{CES2} = U_{CES} \tag{6.2.1}$$

则最大输出功率为

$$P_{om} = \frac{U_{om}^2}{R_L} = \frac{(V_{CC} - U_{CES})^2}{2R_L} \tag{6.2.2}$$

在忽略基极回路电流的情况下，V_{CC}电源提供的电流

$$i_C = \frac{V_{CC} - U_{CES}}{R_L}\sin\omega t$$

电源在负载获得最大交流功率时所消耗的平均功率等于其平均电流电源电压之积，其表达式为

$$P_V = \frac{1}{\pi}\int_0^\pi \frac{V_{CC} - U_{CES}}{R_L}\sin\omega t \cdot V_{CC}\mathrm{d}\omega t$$

整理后可得

$$P_V = \frac{2}{\pi} \cdot \frac{V_{CC}(V_{CC} - U_{CES})}{R_L} \tag{6.2.3}$$

因此，转换效率

$$\eta = \frac{P_{om}}{P_V} = \frac{\pi}{4} \cdot \frac{V_{CC} - U_{CES}}{V_{CC}} \tag{6.2.4}$$

在理想情况下，即饱和管压降可忽略不计的情况下，有

$$P_{om} = \frac{U_{om}^2}{R_L} = \frac{V_{CC}^2}{2R_L} \tag{6.2.5}$$

$$P_V = \frac{2}{\pi} \cdot \frac{V_{CC}^2}{R_L} \tag{6.2.6}$$

$$\eta = \frac{\pi}{4} \approx 78.5\% \tag{6.2.7}$$

应当指出，大功率管的饱和管压降常为 2~3V，因而一般情况下都不能忽略饱和管压降，即不能用式(6.2.5)和式(6.2.7)计算电路的最大输出功率和效率。

三、OCL 甲乙类双电源互补对称功率放大电路

1. 交越失真

对 OCL 乙类双电源互补对称功率放大电路，严格说，输入信号很小时，达不

到三极管的开启电压,T_1 管和 T_2 管均处于截止状态。也就是说,只有当 $|u_i| > U_{on}$ 时,输出电压才跟随 u_i 变化。因此,当输入电压为正弦波时,输出电压在 u_i 过零附近将产生失真,波形如图 6.2.3 所示,这种失真称为交越失真。

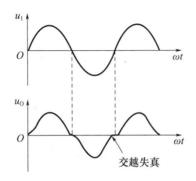

图 6.2.3　交越失真输出波形

与一般放大电路相同,消除失真的方法是设置合适的静态工作点。可以设想,若在静态时 T_1 管和 T_2 管均处于临界导通或微导通(即有一个微小的静态电流)状态,则当输入信号作用时,就能保证至少有一只管子导通,实现双向跟随。

2. 消除交越失真的 OCL 电路

为了消除交越失真,分别给两只晶体管的发射结加很小的正偏电压,这样就使两只晶体管处于微导通状态,如图 6.2.4 所示。

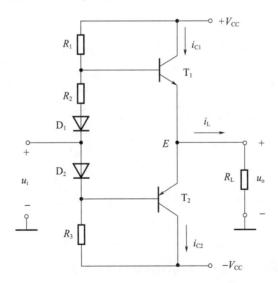

图 6.2.4　消除交越失真的 OCL 电路

在图 6.2.4 中,静态时, $+V_{CC}$ 经过 R_1、R_2、D_1、D_2、R_3 到 $-V_{CC}$ 有一个直流电流,它在 T_1 管和 T_2 管两个基极之间所产生的电压为 $U_{B1B2} = U_{R2} + U_{D1} + U_{D2}$,使

U_{B1B2}略大于T_1管发射结和T_2管发射结开启电压之和,从而使两只管子均处于微导通状态,即都有一个微小的基极电流,分别为I_{B1}和I_{B2}。调节R_2,可使发射极静态电位U_E为0V,即输出电压u_o为0V。

当所加信号按正弦规律变化时,由于二极管D_1、D_2的动态电阻很小,而且R_2的阻值也很小,因而可以认为T_1管基极电位的变化与T_2管基极电位的变化近似相等,即$u_{b1} \approx u_{b1} \approx u_i$;也就是说,可以认为两管基极之间电位差基本是恒定值,两个基极电位随u_i产生相同变化。这样,即使u_i很小,总能保证至少一只晶体管导通,因而消除了交越失真,而且两管的导通时间都比输入信号的半个周期长,它们工作在甲乙类状态。

另外,为消除交越失真,在集成电路中b_1、b_2间常采用图6.2.5所示的电路。

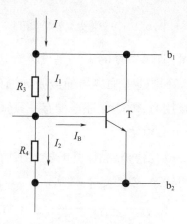

图6.2.5 U_{BE}倍增电路

若$I_2 \gg I_B$,则

$$U_{B1B2} = U_{CE} \approx \frac{R_3 + R_4}{R_4} \cdot U_{BE} = \left(1 + \frac{R_3}{R_4}\right) U_{BE}$$

合理选择R_3和R_4,可以得到U_{BE}任意倍数的直流电压,故称为U_{BE}倍增电路。同时也可以得到PN结任意倍数的温度系数,故可以用于温度补偿。

在实际电路中,静态电流通常取得很小,所以,定量分析时,仍可以用OCL乙类双电源互补对称功率放大电路的有关公式近似估算输出功率和效率等指标。

注意:若静态工作点失调,例如R_2、D_1、D_2中任意一个元件虚焊,则从$+V_{CC}$经过R_1、T_1管发射结、T_2管发射结、R_3到$-V_{CC}$形成一个通路,有较大的基极电流I_{B1}和I_{B2}流过,从而导致T_1管和T_2管有很大的集电极直流电流,且每只管子的管压降均为V_{CC},以至于T_1管和T_2管可能因功耗过大而损坏。因此,常在输出回路中接入熔断器以保护功放管和负载。

【例1】 在图 6.2.4 所示电路中,已知 $V_{CC}=15\text{V}$,输入电压为正弦波,晶体管的饱和管压降 $|U_{CES}|=3\text{V}$,电压放大倍数约为1,负载电阻 $R_L=4\Omega$。

(1) 求解负载上可能获得的最大功率和效率;

(2) 若输入电压最大有效值为8V,则负载上能够获得的最大功率为多少?

(3) 若 T_1 管的集电极和发射极短路,则将产生什么现象?

解: (1) 根据式(6.2.2)、式(6.2.4),有

$$P_{om}=\frac{(V_{CC}-|U_{CES}|)^2}{2R_L}=\frac{(15-3)^2}{2\times 4}\text{W}=18\text{W}$$

$$\eta=\frac{\pi}{4}\cdot\frac{V_{CC}-|U_{CES}|}{V_{CC}}\approx\frac{12-3}{12}\cdot 78.5\%=62.8\%$$

(2) 因为 $U_o\approx U_i$,所以 $U_{om}\approx 8\text{V}$。最大输出功率

$$P_{om}=\frac{U_{om}^2}{R_L}=\frac{8^2}{4}\text{W}=16\text{W}$$

可见,功率放大电路的最大输出功率除了取决于功放自身的参数外,还与输入电压是否足够大有关。

(3) 若 T_1 管的集电极和发射极短路,则 T_2 管静态管压降为 $2V_{CC}$,且从 $+V_{CC}$ 经 T_2 的 e—b、R_3 至 $-V_{CC}$ 形成基极静态电流,由于 T_2 管工作在放大状态,集电极电流势必很大,会因功耗过大而损坏。

四、复合管互补对称功率放大电路

互补对称功率放大电路中,若要求输出较大功率,则要求功放管采用中功率或大功率管。这就产生了如下问题:

(1) 大功率的 PNP 和 NPN 两种类型管子之间难以做到特性一致。

(2) 输出大功率时,功放管的峰值电流很大,而功放管的 β 不会很大,因而要求其前置级有较大推动电流,这对于前级是电压放大器的情况难以做到。

为解决上述问题,可采用复合管互补对称功率放大电路。

1. 复合管

复合管是由两只晶体管组成的,如图 6.2.6 所示。

图 6.2.6(a) 和(b) 所示为两只同类型(NPN 或 PNP)晶体管组成的复合管,等效成与组成它们的晶体管同类型的管子;图(c) 和(d) 所示为不同类型晶体管组成的复合管,等效成与 T_1 管同类型的管子。故复合管的类型及电极均由第一只晶体管决定。下面以图(a) 为例说明复合管的电流放大系数 β 与 T_1、T_2 电流放大系数的 β_1、β_2 关系。

模拟电子线路

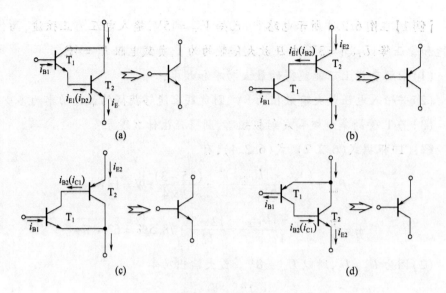

图 6.2.6 复合管

在图 6.2.6(a)中,复合管的基极电流 i_B 等于 T_1 管的基极电流 i_{B1},集电极电流 i_C 等于 T_2 管的集电极电流 i_{C2} 与 T_1 管的集电极电流 i_{C1} 之和,而 T_2 管的基极电流 i_{B2} 等于 T_1 管的发射极电流 i_{E1},所以

$$i_C = i_{C1} + i_{C2} = \beta_1 i_{B1} + \beta_2(1+\beta_1)i_{B1} = (\beta_1 + \beta_2 + \beta_1\beta_2)i_{B1}$$

因为 β_1 和 β_2 至少为几十,因而 $\beta_1\beta_2 \gg (\beta_1+\beta_2)$,所以可以认为复合管的电流放大系数

$$\beta \approx \beta_1\beta_2$$

同样可推到出图(b)、(c)、(d)所示复合管的 β 值均为 $\beta_1\beta_2$,即复合管的电流放大系数为两管电流放大系数的乘积。

2. 复合管构成的互补对称功率放大电路

在实用电路中常采用图 6.2.7 所示电路。

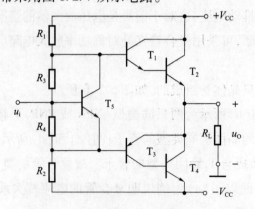

图 6.2.7 采用复合管的互补对称功率放大电路

图中 T_1 管和 T_2 管复合成 NPN 型管,T_3 管和 T_4 管复合成 PNP 型管。从输出端看进去,T_2 管和 T_4 管均采用了同类型管,较容易做到特性相同。这种输出管为同一类型管的电路称为准互补对称功率放大电路。

1. 在我们所介绍的功率放大电路中,为什么功放管均工作在乙类状态?
2. 在电源电压一定的情况下,为什么在功放电路中要使最大不失真输出电压最大?
3. 在已知电源电压和负载电阻的情况下,如何估算出最大输出功率?

本章小结

1. 功率放大电路的特点是零输入时零输出,具有很强的带负载能力,输出正、负方向对称,双向跟随,因此适于做直接耦合多级放大电路的输出级。

2. 功率放大电路的评价指标是最大输出功率和转换效率。对功率放大电路的要求是最大输出功率要大,并且转换效率要高。

3. 功率放大电路中的晶体管要求工作在极限应用状态,即晶体管的集电极电流、管压降和耗散功率最大时均接近极限值。但由于功率较大,因此要注意其散热条件,以及各种保护措施。

4. 功率放大电路的晶体管有甲类、乙类和甲乙类工作状态,按照晶体管的导通角进行区分:甲类工作状态导通角 $\theta = 2\pi$;乙类工作状态导通角 $\theta = \pi$;甲乙类工作状态导通角 $\pi < \theta < 2\pi$。不同的工作状态其非线性失真和转换效率情况不同。

5. 功率放大电路的输入信号幅值较大,分析时应采用图解法。首先求出功率放大电路负载上可能获得的最大交流电压的幅值,从而得出负载上可能获得的最大交流功率,即电路的最大输出功率 P_{om};同时求出此时电源提供的直流平均功率 P_V,P_{om} 与 P_V 之比即为转换效率。

6. OCL 电路为直接耦合功率放大电路,为了消除交越失真,静态时应使功放管微导通;OCL 电路中的功放管工作在甲乙类状态。

7. 复合管的类型及电极均由第一只晶体管决定,复合管的电流放大系数为两管电流放大系数的乘积。由复合管构成的功率放大电路可以增大管子的电流放大系数,以减小前级驱动电流,并增强两互补管子的对称性。

习题六

一、填空题

1. 功率放大电路不同于一般放大电路的两个重要指标是_____和_____。

2. 由于功率管处于大信号工作状态,因此分析时应采用_____法。

3. 功率放大电路常见的三种工作状态是_____、_____、_____,其中工作在_____状态失真小,但效率低,工作在_____状态失真大,但效率高。

4. 为了保证效率而选择_____类功率放大电路,并为了改善其失真问题而采用两个三极管_____输出的方式,使两个三极管_____工作,该功率放大电路存在_____现象。

二、选择题

1. 功率放大电路的最大输出功率是在输入电压为正弦波时,输出基本不失真情况下,负载上可能获得的最大_____。

　　A. 交流功率　　　　B. 直流功率　　　　C. 平均功率

2. 功率放大电路的转换效率是指_____。

　　A. 输出功率与晶体管所消耗的功率之比

　　B. 最大输出功率与电源提供的平均功率之比

　　C. 晶体管所消耗的功率与电源提供的平均功率之比

3. 在 OCL 乙类功放电路中,若最大输出功率为 1W,则电路中功放管的集电极最大功耗约为_____。

　　A. 1W　　　　　　B. 0.5W　　　　　　C. 0.2W

4. 在选择功放电路中的晶体管时,应当特别注意的参数有_____。

　　A. β　　　　　　B. I_{CM}　　　　　　C. I_{CBO}

　　D. U_{CEO}　　　　E. P_{CM}　　　　　F. f_T

5. 若图 6-1 所示电路中晶体管饱和管压降的数值为 $|U_{CES}|$,则最大输出功率 P_{OM} = _____。

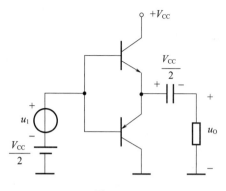

图 6 - 1

A. $\dfrac{(V_{CC} - U_{CES})^2}{2R_L}$ B. $\dfrac{\left(\dfrac{1}{2}V_{CC} - U_{CES}\right)^2}{R_L}$ C. $\dfrac{\left(\dfrac{1}{2}V_{CC} - U_{CES}\right)^2}{2R_L}$

6. 已知电路如图 6 - 2 所示，T_1 和 T_2 管的饱和管压降 $|U_{CES}| = 3V$，$V_{CC} = 15V$，$R_L = 8\Omega$。选择正确答案填入下面空内。

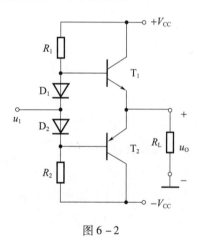

图 6 - 2

(1) 电路中 D_1 和 D_2 管的作用是消除_____。

A. 饱和失真   B. 截止失真   C. 交越失真

(2) 静态时，晶体管发射极电位 U_{EQ}_____。

A. $>0V$ B. $=0V$ C. $<0V$

(3) 最大输出功率 P_{OM}_____。

A. $\approx 28W$ B. $=18W$ C. $=9W$

(4) 当输入为正弦波时，若 R_1 虚焊，即开路，则输出电压_____。

A. 为正弦波   B. 仅有正半波   C. 仅有负半波

(5) 若 D_1 虚焊，则 T_1 管_____。

A. 可能因功耗过大烧坏　　　　　　　B. 始终饱和

C. 始终截止

三、是非题

1. 在功率放大电路中,输出功率越大,功放管的功耗越大。(　　)

2. 功率放大电路的最大输出功率是指在基本不失真情况下,负载上可能获得的最大交流功率。(　　)

3. 当 OCL 电路的最大输出功率为 1W 时,功放管的集电极最大耗散功率应大于 1W。(　　)

4. 功率放大电路与电压放大电路、电流放大电路的共同点:

(1)都使输出电压大于输入电压;(　　)

(2)都使输出电流大于输入电流;(　　)

(3)都使输出功率大于信号源提供的输入功率。(　　)

5. 功率放大电路与电压放大电路的区别:

(1)前者比后者电源电压高;(　　)

(2)前者比后者电压放大倍数数值大;(　　)

(3)前者比后者效率高;(　　)

(4)在电源电压相同的情况下,前者比后者的最大不失真输出电压大。(　　)

6. 功率放大电路与电流放大电路的区别:

(1)前者比后者电流放大倍数大;(　　)

(2)前者比后者效率高;(　　)

(3)在电源电压相同的情况下,前者比后者的输出功率大。(　　)

四、分析与应用题

1. 电路如图 6-2 所示。在出现下列故障时,分别产生什么现象?

(1)R_1 开路;　　　(2)D_1 开路;　　　(3)R_2 开路;

(4)T_1 集电极开路;　(5)R_1 短路;　　　(6)D_1 短路。

2. 电路如图 6-3 所示,已知 T_1 和 T_2 的饱和管压降 $|U_{CES}|=2V$,直流功耗可忽略不计。回答下列问题:

(1)R_3、R_4 和 T_3 的作用是什么?

(2)负载上可能获得的最大输出功率 P_{om} 和电路的转换效率 η 各为多少?

(3)设最大输入电压的有效值为 1V。为了使电路的最大不失真输出电压的峰值达到 16V,电阻 R_6 至少应取多少欧?

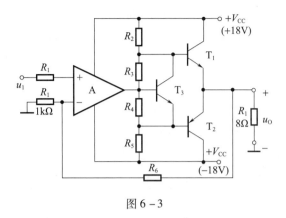

图 6-3

3. 在图 6-4 所示电路中,已知二极管的导通电压 $U_D = 0.7\text{V}$,晶体管导通时的 $|U_{BE}| = 0.7\text{V}$,T_2 和 T_4 管发射极静态电位 $U_{EQ} = 0\text{V}$。

试问:

(1) T_1、T_3 和 T_5 管基极的静态电位各为多少?

(2) 设 $R_2 = 10\text{k}\Omega$,$R_3 = 100\Omega$。若 T_1 和 T_3 管基极的静态电流可忽略不计,则 T_5 管集电极静态电流为多少?静态时 u_1 为多少?

(3) 若静态时 $i_{B1} > i_{B3}$,则应调节哪个参数可使 $i_{B1} = i_{B2}$?如何调节?

(4) 已知 T_2 和 T_4 管的饱和管压降 $|U_{CES}| = 2\text{V}$,静态时电源电流可忽略不计。试问负载上可能获得的最大输出功率 P_{om} 和效率 η 各为多少?

(5) 为了稳定输出电压,减小非线性失真,请通过电阻 R_f 在图 6-4 所示电路中引入合适的负反馈;并估算在电压放大倍数数值约为 10 的情况下,R_F 的取值。

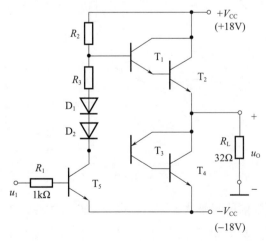

图 6-4

4. 在图 6-4 所示电路中,在出现下列故障时,分别产生什么现象?

(1) R_2 开路;(2) D_1 开路;(3) R_2 短路;(4) T_1 集电极开路;(5) R_3 短路。

5. 在图 6-5 所示电路中,已知 $V_{CC}=15V$, T_1 和 T_2 管的饱和管压降 $|U_{CES}|=2V$,输入电压足够大。求:

(1) 最大不失真输出电压的有效值;

(2) 负载电阻 R_L 上电流的最大值;

(3) 最大输出功率 P_{om} 和效率 η。

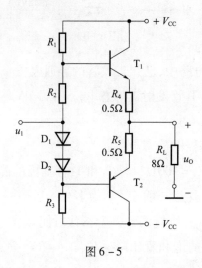

图 6-5

6. 在图 6-6 所示电路中,已知 $V_{CC}=15V$, T_1 和 T_2 管的饱和管压降 $|U_{CES}|=1V$,集成运放的最大输出电压幅值为 $\pm 13V$,二极管的导通电压为 $0.7V$。

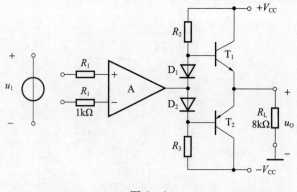

图 6-6

(1) 若输入电压幅值足够大,则电路的最大输出功率为多少?

(2) 为了提高输入电阻,稳定输出电压,且减小非线性失真,应引入哪种组态的交流负反馈?画图表示。

(3)若 $U_i = 0.1\text{V}$ 时,$U_o = 5\text{V}$,则反馈网络中电阻的取值约为多少?

7. 已知图6-7所示电路中 T_1 和 T_2 管的饱和管压降 $|U_{CES}| = 2\text{V}$,导通时的 $|U_{BE}| = 0.7\text{V}$,输入电压足够大。

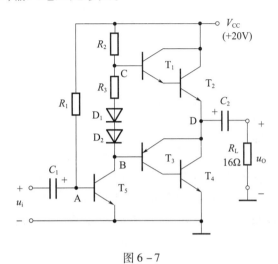

图6-7

(1)A、B、C、D点的静态电位各为多少?

(2)为了保证 T_2 和 T_4 管工作在放大状态,管压降 $|U_{CE}| \geq 3\text{V}$,电路的最大输出功率 P_{om} 和效率 η 各为多少?

第七章　直流稳压电源

 本章问题提要

1. 如何将50Hz、220V的交流电压变为6V的直流电压？主要步骤是什么？
2. 220V交流电压经整流后是否输出220V的直流电压？
3. 对于同样标称输出电压为6V的直流电源，在未接收收音机时，为什么测量输出端子的电压，有的为6V，而有的为7～8V？用后者为收音机供电，会造成收音机损坏吗？
4. 220V的电网电压是稳定的吗？它的波动范围是多少？
5. 一个5V交流电压是否能转换为6V直流电压？3V电池是否可以转换为6V的直流电压？
6. 对于一般直流电源，若不慎将输出端短路，一定会使电源损坏吗？
7. 线性电源和开关型电源有何区别？它们分别应用在什么场合为好？

电子设备中通常需要直流电压供电，可以采用电池供电，但在室内最常用的方式是把市电转换为直流电压来用，这样既方便又能降低成本。本章所说的直流电源就是指这样一种装置。本章讨论如何把交流电源变换为直流稳压电源，直流电源以单相小功率电源为例，它将频率为50Hz、有效值为220V的单相交流电压转换为幅值稳定、输出电流为几百毫安以下的直流电压。

第一节　直流电源的组成及各部分的作用

 相关知识

在电子电路及设备中，一般都需要稳定的直流电源供电。直流稳压电源的种类非常繁多,既有在实验室广泛使用的功能全、性能好的实验室电源,也有在生活中普遍采用的携带性强的各种电源适配器。如图 7.1.1 所示。

图 7.1.1　直流电源

一、小功率直流稳压电源的组成

单相交流电经过电源变压器、整流电路、滤波电路和稳压电路转换成稳定的直流电压,其方框图及各电路的输出电压波形如图 7.1.2 所示,下面就各部分的作用加以介绍。

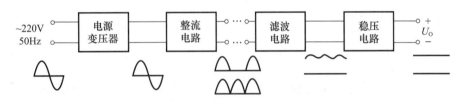

图 7.1.2　直流稳压电源的方框图

直流电源的输入为 220V 的电网电压(即市电),一般情况下,所需直流电压的数值和电网电压的有效值相差较大,因此需要通过电源变压器降压后再对交流电压进行处理。变压器副边电压有效值取决于后面电路的需要。目前有些电路不用变压器,采用其他方法降压。

变压器副边电压通过整流电路由交流电压转换为直流电压,即将正弦波电压转换为单一方面的脉动电压。半波整流电路和全波整流电路的输出波形如图 7.1.2 中所示。可以看出,它们均含有较大的交流分量,会影响负载电路的正常工作;例如,交流分量会混入输入信号被放大电路放大,甚至在放大电路的输出端所混入的电源交流分量大于有用信号,因而不能直接作为电子电路的供电电源。应当指出,图中整流电路输出端所画波形是未接滤波电路时的波形,接入滤波电路后波形将有所变化。

为减小电压的脉动,需通过低通滤波电路滤波,使输出电压平滑。理想情况下,应将交流分量全部滤掉,使滤波电路的输出电压仅为直流电压。然而,由于滤波电路为无源电路,所以接入负载后势必影响其滤波效果。对于稳定性要求不高的电子电路,整流、滤波后的直流电压可以作为供电电源。

交流电压通过整流、滤波后虽然变为交流分量较小的直流电压,但是当电网电压波动或者负载变化时,其平均值也将随之变化。稳定电路的功能是使输出直流电压基本不受电网电压波动和负载电阻变化的影响,从而获得足够高的稳定性。

二、直流稳压电源的主要技术指标

输出电压是输入电压、输出电流和温度的函数,即

$$U_o = f(U_I, IU_o, T)$$

U_I 可以是电网电压的有效值,亦是滤波输出电压。

1. 稳压系数 S_r

稳压系数指通过负载的电流和环境温度保持不变时,稳压电路输出电压的相对变化量与输入电压的相对变化量之比,即

$$S_r = \frac{\Delta U_o / U_o}{\Delta U_i / U_i} \bigg|_{\Delta U_i = 0, \Delta T = 0}$$

S_r 反映了电网电压波动对输出电压的影响。S_r 数字越小,输出电压的稳定性越好。

2. 输出电阻 R_o

输出电阻指当输入电压和环境不变时,输出电压的变化量与输出电流变化量之比,即

$$R_o = \frac{\Delta U_o}{\Delta I_o} \bigg|_{\Delta U_i = 0, \Delta T = 0}$$

R_o 反映了当负载变动时,稳压电路保持输出电压稳定的能力。R_o 的值越小,带负载能力越强,对其电路影响越小。

3. 温度系数 S_T

温度系数在 U_I 和 I_o 都不变的情况下,环境温度 T 变化所引起的输出电压的变化,即

$$S_T = \frac{\Delta U_o}{\Delta T} \bigg|_{\Delta U_i = 0, \Delta T = 0}$$

式中:ΔU_o 为漂移电压。S_T 越小,漂移越小,该稳压电路受温度影响越小。

4. 纹波电压 U_r

纹波电压指稳压电路输出端中含有的交流分量。

$$u_r = u_0 - U_r$$

纹波电压值

$$U_r = \sqrt{\frac{1}{T}\int_0^T u_r^2 \, dt} = \sqrt{U_{orms}^2 - U_o^2}$$

式中：U_{orms}是直流稳压电源输出电压的有效值。

5. 纹波系数 r

纹波电压有效值与直流分量的绝对值之比。

$$r = \frac{U_T}{|U_o|} = \sqrt{\frac{U_{orms}^2}{U_o^2} - 1}$$

r 纹波系数越小，直流稳压电源输出中的纹波电压越小，它的质量也就越好。

1. 直流电源是一种什么装置？
2. 衡量直流稳压电源的主要技术指标有哪些？

第二节　整流电路

相关知识

在分析整流电路时，为了突出重点，简化分析过程，一般均假定负载为纯电阻性；整流二极管为理想二极管，即加正向电压导通，且正向电阻为零，外加反向电压截止，且反向电流为零；变压器损耗，内部压降为零等。

整流电路有单相整流和三相整流电路。在单相整流电路里，包括有半波整流电路、全波整流电路和桥式整流电路。本节讨论半波整流和桥式整流电路。

一、单相半波整流电路

1. 电路组成

单相半波整流电路是最基本的整流电路，电路如图 7.2.1 所示。

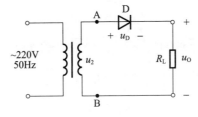

图 7.2.1　单相半波整流电路

2. 工作原理

单相半波整流电路是最简单的一种整流电路。整流电路工作时,利用整流二极管的单向导电特性作为开关使用。

设变压器的副边电压有效值为 U_2,则其瞬时值 $u_2 = U_m \sin\omega t$。

在 u_2 的正半周,A 点为正,B 点为负,二极管外加正向电压,因而处于导通状态。电流从 A 点流出,经过二极管 D 和负载电阻流入 B 点,负载电阻上有电流通过,$u_O = u_2 = U_m \sin\omega t$。

在 u_2 的负半周,B 点为正,A 点为负,二极管外加反向电压,因此处于截止状态,在负载电阻上没有电流通过,$u_O = 0$。因此,加在负载电阻上的电压也是半个正弦波,是同一个方向的半波脉动电压,该波形如图 7.2.2 所示。

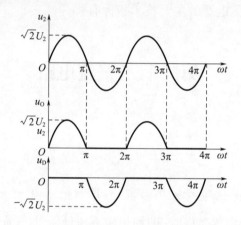

图 7.2.2 半波整流电路的波形图

3. 参数计算

在研究整流电路时,至少应考查整流电路输出电压平均值和输出电流平均值两项指标,有时还需考虑脉动系数,以便定量反映输出波形脉动的情况。

输出电压平均值就是负载电阻上电压的平均值 $U_{O(AV)}$。从图 7.2.2 所示波形图可知,当 $\omega t = 0 \sim \pi$ 时,$u_O = \sqrt{2} U_2 \sin\omega t$;当 $\omega t = \pi \sim 2\pi$ 时,$u_O = 0$。所以,求解 u_O 的平均值 $U_{O(AV)}$,就是将 $0 \sim \pi$ 的电压平均在 $0 \sim 2\pi$ 之中,如图 7.2.3 所示,表达式为

$$U_{O(AV)} = \frac{1}{2\pi} \int_0^\pi \sqrt{2} U_2 \sin\omega t \, d(\omega t)$$

解得

$$U_{O(AV)} = \frac{\sqrt{2} U_2}{\pi} \approx 0.45 U_2$$

负载电流的平均值

$$I_{O(AV)} = \frac{U_{O(AV)}}{R_L} \approx \frac{0.45 U_2}{R_L}$$

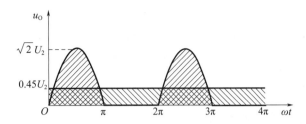

图 7.2.3 单相半波整流电路输出电压平均值

【例如】当变压器副边电压有效值 $U_2 = 20\text{V}$ 时,单相半波整流电路的输出电压平均值 $U_{O(AV)} \approx 9\text{V}$。若负载电阻 $R_L = 20\Omega$,则负载电流平均值 $I_{O(AV)} \approx 0.45\text{A}$。

整流输出电压的脉动系数 S 定义为整流输出电压的基波峰值 U_{O1M} 与输出电压平均值 $U_{O(AV)}$ 之比,即

$$S = \frac{U_{O1M}}{U_{O(AV)}}$$

因此,S 越大,脉动越大。

由于半波整流电路输出电压 u_O 的周期与 u_2 相同,因此 u_O 的基波角频率与 u_2 相同,即 50Hz。通过谐波分析可得 $U_{O1M} = U_2/\sqrt{2}$,故半波整流电路输出电压的脉动系数

$$S = \frac{U_2/\sqrt{2}}{\sqrt{2}U_2/\pi} = \frac{\pi}{2} \approx 1.57$$

说明半波整流电路的输出脉动很大,其基波峰值约为平均值的 1.57%。

3. 二极管的选择

当整流电路的变压器副边电压有效值和负载电阻值确定后,电路对二极管参数的要求也就确定了。一般应根据流过二极管电流的平均值和它所承受的最大反向电压来选择二极管的型号。

在单相半波整流电路中,二极管的正向平均电流等于负载电流平均值,即

$$I_{D(AV)} = I_{O(AV)} \approx \frac{0.45 U_2}{R_L}$$

二极管承受的最大反向电压等于变压器副边的峰值电压,即

$$U_{\text{Rmax}} = \sqrt{2} U_2$$

一般情况下,允许电网电压有 ±10% 的波动,即电流变压器原边电压为 198 ~ 242V,因此在选用二极管时,对于最大整流平均电流 I_F 和最高反向工作电压 U_R 均应至少留有 10% 的余地,以保证二极管安全工作,即选取

$$I_F > 1.1 I_{O(AV)} = 1.1 \frac{\sqrt{2} U_2}{\pi R_L}$$

$$U_R > 1.1\sqrt{2}U_2$$

单相半波整流电路简单易行,所用二极管数量少。但是由于它只利用了交流电压的半个周期,所以输出电压低,交流分量大(即脉动大),效率低。因此,这种电路仅适用于整流电流较小,对脉动要求不高的场合。

二、单相全波整流电路

1. 电路组成

单相全波整流电路是最基本的整流电路,电路如图 7.2.4 所示。

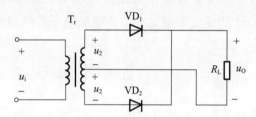

图 7.2.4 单相全波整流电路

2. 工作原理

整流电路工作时,利用整流二极管的单向导电特性作为开关使用。设变压器的副边电压有效值为 U_2,则其瞬时值 $u_2 = U_m\sin\omega t$。

当 u_2 为正半周时,二极管 VD_1 导通,VD_2 截止,有电流通过负载。当 u_2 为负半周时,二极管 VD_1 截止,VD_2 导通,也有电流通过负载。波形如图 7.2.5 所示。

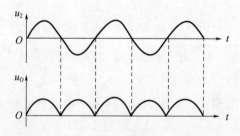

图 7.2.5 单相全波整流电路的波形图

3. 负载上的直流电压 U_L 的大小

$$U_O = U_L = \frac{1}{\pi}\int_0^\pi \sqrt{2}U_2\sin\omega t\mathrm{d}\omega t = \frac{2\sqrt{2}}{\pi}U_2 = 0.9U_2$$

三、单相桥式整流电路

为了克服单相半波整流电路的缺点,在实用电路中采用单相全波整流电路,最常用的是单相桥式整流电路。

1. 单相桥式整流电路的组成

单相桥式整流电路由四只二极管组成,其构成原则就是保证在变压器副边电压 u_2 的整个周期内,负载上的电压和电流方向始终不变。若达到这一目的,就要在 u_2 的正、负半周内正确引导流向负载的电流,使其方向不变。设变压器副边两端分别为 A 和 B,则 A 为"＋"、B 为"－"时应有电流流入 B 点,A 为"－"、B 为"＋"时应有电流流出 B 点,因此 A 和 B 点均应分别接两只二极管,以引导电流,如图 7.2.6(a)所示。将负载接入的方式如图(b)所示,图 7.2.7(a)所示为习惯画法,图(b)所示为简化画法。

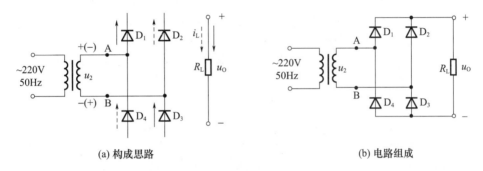

(a) 构成思路　　　　　　　　　　(b) 电路组成

图 7.2.6　单相桥式整流电路

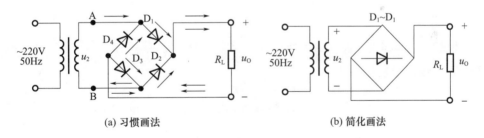

(a) 习惯画法　　　　　　　　　　(b) 简化画法

图 7.2.7　单相桥式整流电路

2. 工作原理

单相桥式整流电路是最基本的将交流转换为直流的电路,如图 7.2.7(a)所示。

在分析整流电路工作原理时,整流电路中的二极管作为开关使用,具有单向导电性。根据图 7.2.7(a)所示电路图可知:

当正半周时,二极管 D_1、D_3 导通,在负载电阻上得到正弦波的正半周。

当负半周时,二极管 D_2、D_4 导通,在负载电阻上得到正弦波的负半周。

在负载电阻上正、负半周经过合成,得到的是同一个方向的单向脉动电压。单相桥式整流电路的波形图如图 7.2.8 所示。

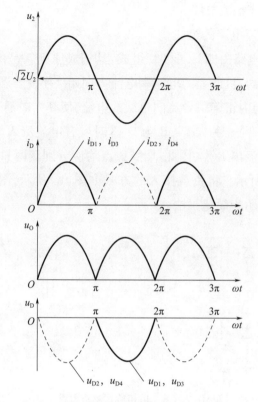

图 7.2.8 单相桥式整流电路的波形图

3. 参数计算

根据图 7.2.8 可知,输出电压是单相脉动电压,通常用它的平均值与直流电压等效。输出平均电压为

$$U_{O(AV)} = U_L = \frac{1}{\pi}\int_0^\pi \sqrt{2}V_2\sin\omega t\,d\omega t = \frac{2\sqrt{2}}{\pi}V_2 = 0.9U_2$$

流过负载的平均电流为

$$I_{O(AV)} = \frac{2\sqrt{2}V_2}{\pi R_L} = \frac{0.9U_2}{R_L}$$

流过二极管的平均电流为

$$I_{D(AV)} = \frac{I_L}{2} = \frac{\sqrt{2}V_2}{\pi R_L} = \frac{0.45U_2}{R_L}$$

二极管所承受的最大反向电压

$$V_{Rmax} = \sqrt{2}U_2$$

流过负载的脉动电压中包含有直流分量和交流分量,可对脉动电压进行傅立叶分析,此时谐波分量中的二次谐波幅度最大。脉动系数 S 定义为二次谐波

的幅值与平均值的比值。

$$S = \frac{U_{O1M}}{U_{O(AV)}} = \frac{4\sqrt{2}\,U_2/3\pi}{2\sqrt{2}\,U_2/\pi} = \frac{2}{3} = 0.67$$

与半波整流电路相比,输出电压的脉动减小很多。

4. 二极管的选择

在单相桥式整流电路中,因为每只二极管只在变压器副边电压的半个周期通过电流,所以每只二极管的平均电流只有负载电阻上电流平均值的1/2,即

$$I_{D(AV)} = \frac{I_{O(AV)}}{2} \approx \frac{0.45 U_2}{R_L}$$

与半波整流电路中二极管的平均电流相同。

根据图7.2.8中所示 u_D 的波形可知,二极管承受的最大反向电压

$$U_{Rmax} = \sqrt{2}\,U_2$$

与半波整流电路中二极管承受的最大反向电压也相同。

考虑到电网电压的波动范围为 ±10%,在实际选用二极管时,应至少有10%的余量,选择最大整流电流 I_F 和电高反向工作电压 U_R 分别为

$$I_F > 1.1 I_{O(AV)} = 1.1 \frac{\sqrt{2}\,U_2}{\pi R_L}$$

$$U_R > 1.1\sqrt{2}\,U_2$$

单相桥整电流与半波整流电路相比,在相同的变压器副边电压下,对二极管的参数要求是一样的,并且还具有输出电压高、变压器利用率高、脉动小等优点,因此得到了相当广泛的应用。目前有不同性能指标的集成电路,称为"整流桥堆",如图7.2.9所示。它的主要缺点是所需二极管的数量多,由于实际上二极管的正向电阻不为零,因此整流电路内阻较大,当然损耗也就较大。

图7.2.9 整流桥堆

可以想象,如果将桥式整流电路变压器副边中点接地,并将两个负载电阻相连接,且连接点接地,如图 7.2.10 所示。那么根据桥式整流电路的工作原理,当 A 点为"+"、B 点为"-"时,D_1、D_3 导通,D_2、D_4 截止,电路如图中实线所示。而点 B 为"+"、点 A 为"-"时,D_2、D_4 导通,D_1、D_3 截止,电流如图中虚线所示。这样,两个负载上就分别获得正、负电源。可见,利用桥式整流电路可以轻而易举地获得正、负电源,这是其他类型整流电路难以做到的。

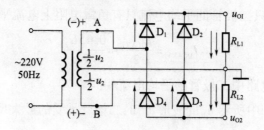

图 7.2.10 利用桥式整流电路实现正、负电源

在实际应用中,当整流电路的输出功率(即输出电压平均值与电流平均值之积)超过几千瓦且又要求脉动较小时,就需要采用三相整流电路。三相整流电路的组成原则和方法与单相桥式整流电路相同,变压器副边的三个端均应接两只二极管,且一只接阴极,另一只接阳极,电路如图 7.2.11(a)所示。利用前面所述方法分析电路,可以得出其波形,如图 7.2.11(b)所示。

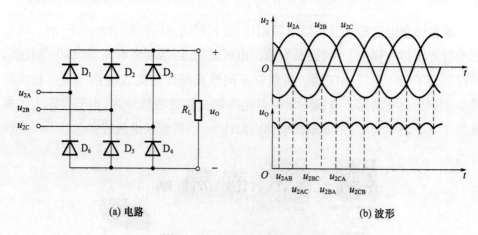

(a) 电路　　　　　　　　　　　　(b) 波形

图 7.2.11 三相整流电路及波形

1. 整流电路的目的是什么?
2. 常见的整流电路有几种?各有什么特点?

3. 单相桥式整流电路出现下面几种情况,能否正常工作?

(1)任一个二极管短路;

(2)任一个二极管接反;

(3)任一个二极管断路。

第三节　单相可控整流电路(拓展)

相关知识

什么叫可控整流电路呢？这要从"可控"两个字入手进行讨论,二极管具有单相导电性可用用来整流,还有一种元件这就是可控硅,它和二极管类似但又不一样,利用它同样可以整流,而且是可控整流,那什么叫可控整流呢？实际上就是控制半周内的导通时间。本节讨论半波可控整流电路和全波可靠整流电路。

一、单相半波可控整流电路

1. 电路介绍

将前面介绍的半波整流电路中的二极管用单向可控硅代替就是一个半波可控整流电路,如图 7.3.1 所示。

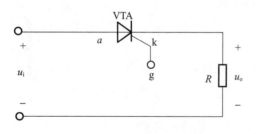

图 7.3.1　单相可控整流电路原理

2. 工作原理

根据单向可控硅导通和关断的条件可知,当交流电压大于零且门极有正脉冲电压触发时,可控硅导通负载上就会得到和输入一样的电压。当交流电压等于零时,可控硅关断。当第二个周期到来后,在相应位置触发,可控硅又导通,这样负载上就得到有规律的直流电压,各处波形如图 7.3.2 所示。

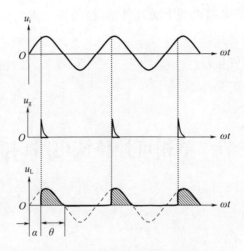

图 7.3.2　半波可控整流波形图

改变门极正向脉冲加入的时间就改变了触发时间,负载上得到的直流电压波形和大小随之改变,这样就实现了对输出电压的调节,也就实现了可控整流。

3. 控制角和导通角

从可控硅开始承受正向电压到触发脉冲加入时刻之间的时间换算成角度,就称为控制角,用 α 表示。可控硅在一个周期导通的时间,换算成角度,就成为导通角,用 θ 表示。α 的有效变化范围称为移相范围。如图 7.3.2 所示,可见半波可控整流电路的导通角与控制角变化范围为 $0 \sim 180°$,移相范围为 $0 \sim 180°$,且 $\alpha + \theta = 180°$。

4. 输出直流电压

经数学推导可以证明

$$U_L = 0.45 U_i \frac{1+\cos\alpha}{2}$$

半波可控整流电路的优点是电路简单,元件少,调整方便;缺点是输出电压低,脉动大。这种整流电路适用于小容量的可控整流电源。

二、单相桥式可控整流电路

1. 电路介绍

将前面介绍的桥式整流电路中的两个二极管用单向可控硅代替就是一个桥式可控整流电路,如图 7.3.3 所示。

2. 工作原理

触发脉冲轮流加在两个可控硅上,使输入交流电压时正负半周都得到可控导通,其波形如图 7.3.4 所示。

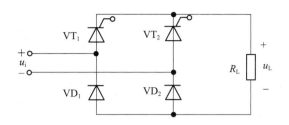

图7.3.3 单相桥式整流电路

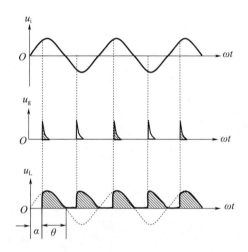

图7.3.4 单相桥式整流电路原理

3. 输出直流电压

从波形中可以看出，输出直流电压为半波可控整流电路的2倍：

$$U_L = 0.45U_i(1 + \cos\alpha)$$

1. 可控整流电路和第二节中的桥式整流电路最大的不同是什么？
2. 可控整流电路有几种？各有什么特点？

第四节　滤波电路

 相关知识

整个电路的输出电压虽然是单一方向的，但是脉动较大，含有较大的谐波成分,不适应大多数电子线路及设备的需要。因此,一般在整流后,还需利用滤波电路将脉动的直流电压变为平滑的直流电压,因此,滤波电路的作用是将整流电路输出的脉动电压变为比较平滑的直流电压。什么元件具有滤波的性质呢?只有储能元件电容和电感有这种作用,所以根据滤波电路中滤波元件的不同,可以将滤波电路分为电容滤波、电感滤波和复式滤波等。

一、电容滤波电路

电容滤波电路是最常见和最简单的滤波电路,在整流电路的输出端(即负载电阻两端)并联一个电容即构成电容滤波电路。滤波电路容量较大,因此一般均采用电解电容,在接线时要注意电解电容的正、负极。电容滤波电路利用电容的充、放电作用,使输出电压趋于平滑。

1. 电容滤波电路

现以单相桥式整流电容滤波电路为例来说明,如图7.4.1所示,在负载电阻上并联了一个滤波电容 C。

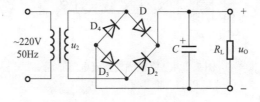

图 7.4.1 电容滤波电路

2. 电容滤波电路的滤波原理

电容滤波过程如图7.4.2所示,u_2 处于正半周,二极管 D_1、D_3 导通,变压器次端电压 u_2 给电容器 C 充电。此时 C 相当于并联在 u_2 上,所以输出波形同 u_2,是正弦波。

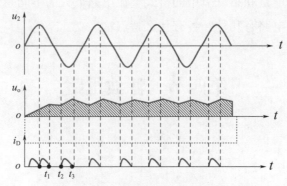

图 7.4.2 全波桥式整流电容滤波波形图

当 u_2 到达 $\omega t = \pi/2$ 时,开始下降。先假设二极管关断,电容 C 就要以指数规律向负载 R_L 放电。指数放电起始点的放电速率很大。在刚过 $\omega t = \pi/2$ 时,正弦曲线下降的速率很慢。所以刚过 $\omega t = \pi/2$ 时,二极管仍然导通。在超过 $\omega t = \pi/2$ 后的某个点,正弦曲线下降的速率越来越快,当超过指数曲线起始放电速率时,二极管关断。所以在 t_2 到 t_3 时刻,二极管导电,C 充电,$u_i = u_o$ 按正弦规律变化;t_1 到 t_2 时刻,二极管关断,$u_i = u_o$ 按指数曲线下降,放电时间常数为 $R_L C$。

需要指出的是,当放电时间常数 τ 增加时,t_1 点要右移,t_2 点要左移,二极管关断时间加长,导通角减小,电容滤波的效果好;反之,当放电时间常 τ 减少时,导通角增加。显然,当 R_L 很小,即 I_L 很大时,电容滤波的效果不好,所以电容滤波适合输出电流较小的场合。

$R_L C$ 不同时的 u_o 的波形如图 7.4.3 所示。

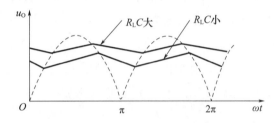

图 7.4.3 $R_L C$ 不同时的 u_o 的波形

3. 电容滤波电路参数的计算

电容滤波电路的计算比较麻烦,因为决定输出电压的因素较多。工程上有详细的曲线可供查阅,一般常采用下面的近似估算法。

一种是用锯齿波近似表示,即

$$U_O = \sqrt{2} U_2 \left(1 - \frac{T}{4 R_L C}\right)$$

另一种是在 $R_L C = (3 \sim 5) T/2$ 的条件下,近似认为 $U_O = 1.2 U_2$。

二、电感滤波电路

利用储能元件电感器 L 的电流不能突变的性质,把电感 L 与整流电路的负载 R_L 相串联,也可以起到滤波的作用。

1. 电感滤波电路

桥式整流电感滤波电路如图 7.4.4 所示,滤波元件 L 串在整流输出与负载 R_L 之间(电感滤波一般不与半波整流搭配)。其滤波原理可用电磁感应原理来解释。

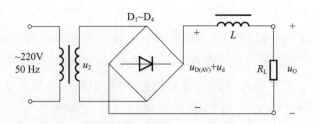

图 7.4.4　单相桥式整流电感滤波电路

2. 电感滤波电路的滤波原理

电感滤波过程见图 7.4.5 所示,当 u_2 正半周时,D_1、D_3 导电,电感中的电流将滞后 u_2。当负半周时,电感中的电流将更换经由 D_2、D_4 提供。因桥式电路的对称性和电感中电流的连续性,四个二极管 D_1、D_3;D_2、D_4 的导电角都是 180°。

当电感中通过交变电流时,电感两端便产生出一反电势阻碍电流的变化:当电流增大时,反电势会阻碍电流的增大,并将一部分能量以磁场能量储存起来;当电流减小时,反电势会阻碍电流的减小,电感释放出储存的能量。这就大大减小了输出电流的变化,使其变得平滑,达到了滤波目的。当忽略 L 的直流电阻时,R_L 上的直流电压 u_O 与不加滤波时负载上的电压相同,即 $U_O = 0.9 U_2$。

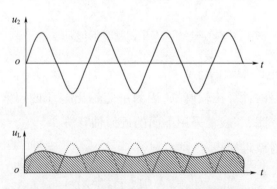

图 7.4.5　全波桥式整流电感滤波波形图

三、复式滤波电路

当单独使用电容或电感进行滤波,效果仍不理想时,可采用复式滤波电路。

复式滤波电路常用的有电感电容滤波器(又叫 LCπ 型滤波器或 LC 滤波器)和 π 型滤波器两种形式。它们的电路组成原则是,把对交流阻抗大的元件(如电感、电阻)与负载串联,以降落较大的纹波电压,而把对交流阻抗小的元件(如电容)与负载并联,以旁路较大的纹波电流。其滤波原理与电容、电感滤波类似。

电感电容滤波电路如图 7.4.6(a)所示。具有 LC 滤波器的整流电路适用于输出电流较大、输出电压脉动很小的场合。图 7.4.6(b)为 CLCπ 型滤波电路,用于要求输出电压脉动更小的场合,但对整流二极管的冲击电流较大。图 7.4.6(c)为 CRCπ 型滤波电路,它适用于负载电流较小而又要求输出电压脉动小的场合。

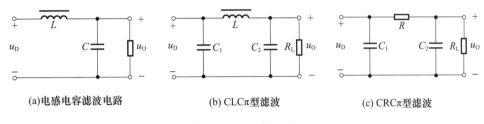

(a)电感电容滤波电路　　　(b) CLCπ型滤波　　　(c) CRCπ型滤波

图 7.4.6　复式滤波电路

1. 滤波电路的目的是什么？
2. 常见的滤波电路有几种？各有什么特点？

第五节　稳压电路

交流电经过整流滤波可以得到平滑的直流电压,然而当电网电压波动和负载电阻变化时,输出电压将随之变化,所以在滤波电路和负载电阻之间通常接有稳压电路。稳压电路的作用就是在上述两种情况下,将输出电压稳定在一个固定的数值。本节介绍两种稳压电路。

一、硅稳压管稳压电路

稳压电路种类很多,有串联型稳压电路、并联型稳压电路、开关型稳压电路和集成稳压电路等。这里讲的硅稳压管稳压电路属于并联型稳压电路。

1. 电路组成

如图 7.5.1 所示,D_Z 是稳压二极管,它是电路的主要元件,其原理在第一章已经讲过。R_L 是负载电阻。R 是限流电阻,它的作用是限制流过 D_Z 的电流,防止稳压管因电流过大而烧毁。

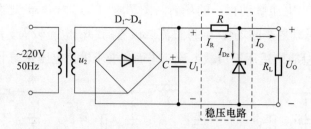

图 7.5.1　稳压二极管组成的稳压电路

2. 稳压原理

从图 7.5.1 中可以看出,在电路中只要稳压管始终工作在稳压区内,U_Z 就基本稳定了,输出电压 U_O 也就稳定了。具体的稳压原理如下。

(1) U_I 不变时的稳压过程:

$$R_L\downarrow \to I_L\uparrow \to I_R\uparrow \to U_O\uparrow \to I_Z\uparrow \to I_R\downarrow$$
$$U_O\downarrow \leftarrow$$

(2) R_L 不变的情况下:

$$U_I\uparrow \to U_O\uparrow \to I_Z\uparrow \to I_R\uparrow \to U_R\uparrow$$
$$U_O\downarrow \leftarrow$$

总之这种稳压电路是利用稳压管工作中稳压区内的自动调流作用转换为限流电阻的电压的变化,从而保持 U_O 的基本稳定。

3. 限流电阻 R 的选择

限流电阻的主要作用就是当电网电压和负载电阻变化时,保证稳压管工作在稳压区内。

设整流输出电压的最大值为 U_{Imax},最小值为 U_{Imin};负载电流最大时为 I_{Lmax},负载电流最小时为 I_{Lmin}。则满足上述要求的条件如下。

(1) 为防止稳压管损坏:

$$(U_{Imax} - U_Z)/R - I_{Lmin} < I_{Zmax}$$

或

$$R > (U_{Imax} - U_Z)/(I_{Zmax} + I_{Lmin}) = R_{min}$$

(2) 为保证稳压管工作在稳压区:

$$(U_{Imin} - U_Z)/R - I_{Lmax} > I_{Zmin}$$

或

$$R < (U_{Imin} - U_Z)/(I_{Zmin} + I_{Lmax}) = R_{max}$$

所以限流电阻 R 的范围是

$$R_{min} < R < R_{max}$$

4. 输出电压及电流

$$U_O = U_Z, I_L = U_O/R_L$$

二、串联型稳压电路

1. 基本串联型稳压电路

(1)电路介绍。如图7.5.2所示为一个简单的串联型稳压电路,左边是一般形式,右边是习惯画法。T为调整三极管,简称为调整管;D_Z是稳压二极管;R既是稳压二极管的限流电阻又是三极管的基极偏置电阻,其作用是保证三极管工作在放大器,稳压二极管工作在稳压区;R_L是负载电阻。

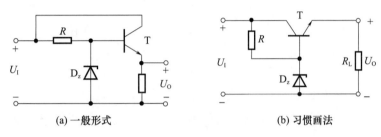

(a) 一般形式   (b) 习惯画法

图7.5.2 基本串联型稳压电路

(2)稳压原理。简单地说,由于电路接成了射极输出器的形式,其输出电压基本上等于基极电压,而基极电压为U_Z是稳定的,所以输出电压U_O约等于U_Z,也是稳定的,具体的原理是:

$$U_O\uparrow(某种原因)\rightarrow U_{BE}\downarrow \rightarrow I_O(I_E)\downarrow$$
$$U_O\downarrow \leftarrow$$

结果使U_O稳定。在这个过程中,三极管起调整作用,稳压管是给调整管提供一个基准电压,所以三极管又称为调整管。

2. 具有放大环节的串联型稳压电路

(1)电路介绍。这种电路是在简单串联型稳压电路的基础上改进而来的,如图7.5.3所示。图中T_1是调整管,起调整输出电压U_O的作用。R_1、R_2、R_W组成串联电路,取输出电压的变化量的一部分,加到T_2管的基极,所以称为取样电路。

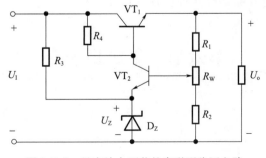

图7.5.3 具有放大环节的串联型稳压电路

D_Z是稳压管,用来提供一个基准电压 U_Z。R_3是稳压管的限流电阻,保证稳压管工作在稳压区。T_2是比较放大器,将取样电路取得的输出电压的变化量和基准电压比较后进行放大。R_4既是比较放大器 T_2 管的集电极负载,又是调整管的基极偏置电阻,其作用是保证调整管 T_1 和比较放大管 T_2 工作在放大器。

(2) 稳压原理。

① U_I 的变化：

$$U_I\uparrow \to U_O\uparrow \to U_{BE2}\uparrow \to U_{CE2}\downarrow \to U_{BE1}\downarrow \to I_{E1}(I_O)\downarrow$$
$$U_O\downarrow \longleftarrow$$

② R_L 的变化：

$$R_L\downarrow \to U_O\downarrow \to U_{BE2}\downarrow \to U_{CE2}\uparrow \to U_{BE1}\uparrow \to I_{E1}(I_O)\uparrow$$
$$U_O\uparrow \longleftarrow$$

3. 输出电压及电流

(1) 输出电压。这种稳压电路的输出电压可以利用 R_W 来调整。这是硅稳压管稳压电路和简单的串联型稳压电路所没有的。当 R_W 调至最顶端时,输出电压最小;调至最底端时,输出电压最大。其输出电压调整范围如下。

R_W 调至最顶端时：

$$U_{Omin}=[(R_1+R_2+R_W)/(R_2+R_W)](U_Z+U_{BE2})$$

R_W 调至最下端时：

$$U_{Omax}=[(R_1+R_2+R_W)/R_2](U_Z+U_{BE2})$$

所以输出电压的变化范围是 $U_{Omin} \sim U_{Omax}$。

(2) 输出电流。

$$I_L=U_o/R_L\approx I_{E1}\approx I_{C1}\leqslant I_{C1M}$$

1. 稳压波电路的目的是什么？
2. 常见的稳压波电路有几种？各有什么特点？

第六节　集成稳压器

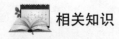 相关知识

集成稳压电路属于模拟集成电路范畴,它将稳压电路外加保护电路等集中

制作在一块硅片上,作为一个组件使用,目前国产的常用组件有 5G11、5G14、W7800 系列、W7900 系列等。它将调整、基准电压、比较放大、启动和保护等环节都做在一块芯片上,具有稳定性高、体积小、成本低、使用方便等优点,已得到越来越广泛的应用。

集成稳压电路种类很多,按工作方式来分,有串联型、并联型和开关型稳压电路;按输出电压来分,有固定式、可调式稳压电路。通过外接元件还可以使输出电压在较大范围内进行调节,以适应不同需要。它的工作电压由几伏到几十伏,工作电流由 100mA 到几安,某些型号的最大功耗甚至可达 50W。下面分别介绍固定三端稳压器和可调三端稳压器。

一、固定三端稳压器

三端稳压器的外形和方框图如图 7.6.1 所示,固定三端稳压器的输出电压是固定的,主要有 78××系列(为正电压输出)和 79××系列(为负电压输出)。根据输出电流的大小,每个系列又分为 L 型系列($I_L \leqslant 0.1A$)、M 型系列($I_L \leqslant 0.5A$)。如果不标 M 或 L,则表示该器件的 $I_L \leqslant 1.5A$。

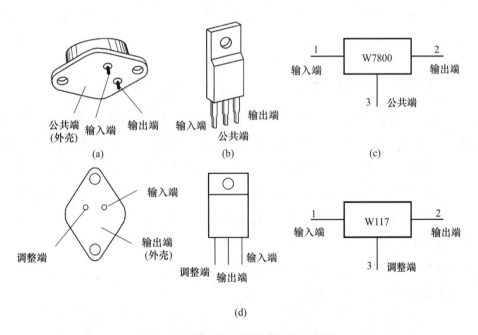

图 7.6.1 三端稳压器的外形和方框图

1. 主要性能参数

W7800 系列三端稳压器主要性能参数如表 7.6.1 所示。

表 7.6.1　W7800 系列三端稳压器主要参数

参数类型	数值
最大输出电压	35
最小输入、输出电压之差	2~3
输出电压	5、6、8、12、15、18、24
最大输出电流	1.5

※W79××和 W78××基本相同,只是输出电压为负。

2. 典型应用电路

典型应用电路如图 7.6.2 所示。

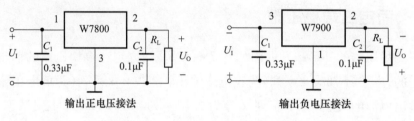

图 7.6.2

※C_1 的作用是在输入线较长时防止产生自激振荡;C_2 的作用是消除电路的高频噪声。

二、可调三端稳压器

可调三端稳压器是在固定三端稳压器的基础上发展起来的一种性能更为优异的稳压器件。可用少量的外围元件,实现大范围的输出电压连续节(调节范围为 1.2~37V),其典型产品有输出正电压的 LM117、LM217、LM317 系列和输出负电压的 LM137、LM237、LM337 系列。同一系列内部电路和工作原理相同,工作温度不同。根据输出电流的大小,每个系列又分为 L 型系列($I_L \leq 0.1A$)、M 型系列($I_L \leq 0.5A$)。如果不标 M 或 L,则表示该器件的 $I_L \leq 1.5A$。

1. LMX17、LMX37 系列稳压器外形图

稳压器外形如图 7.6.3 所示。

图 7.6.3　LMX17 和 LMX37 系列三端稳压器外形图

2. 典型应用电路

典型应用电路如图 7.6.4 所示。

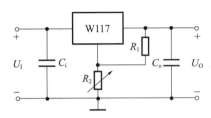

图 7.6.4　典型应用电路

※输出电压的大小

正常工作时，三端可调集成稳压器的基准电压 $U_{REF}=1.25\text{V}$，基准电流 $I_{REF}=50\mu\text{A}$。所以输出电压为

$$U_L = U_{R1} + U_{R2} = U_{REF}\left(1+\frac{R_2}{R_1}\right) + I_{REF}R_2$$

$$\approx U_{REF}\left(1+\frac{R_2}{R_1}\right)$$

可见，三端集成稳压器的输出电压主要取决于电路中 R_2 与 R_1 的比值，但需要注意的是这一比值不能超过一定的范围。

1. 集成稳压电路的特点是什么？和本章第五节的稳压电路有什么区别？
2. 常见的集成稳压电路有几种？各有什么特点？

■■■■■■■ 本章小结 ■■■■■■■

1. 直流稳压电源由整流电路、滤波电路和稳压电路组成。整流电路将交流电压变为脉动的直流电压，滤波电路可减小脉动使直流电压平滑，稳压电路的作用是电网电压波动或负载电流变化时保持输出电压基本不变。

2. 整流电路有半波和全波两种，最常用的是单相桥式整流电路。分析整流电路时，应分别判断在变压器副边电压正、负半周两种情况下二极管的工作状态（导通或截止），从而得到负载两端电压、二极管端电压及其电流波形，并由此得到输出电压和电流的平均值，以及二极管的最大整流平均电流和所承受的最高反向电压。

3. 滤波电路通常有电容滤波、电感滤波和复式滤波。在 $R_L C = (3 \sim 5) T/2$ 时,滤波电路的输出电压约为 $1.2U_2$。负载电流较大时,应采用电感滤波;对滤波效果要求较高时,应采用复式滤波。

4. 稳压管稳压电路结构简单,但输出电压不可调,仅适用于负载电流较小且其变化范围也较小的情况。电路依靠稳压管的电流调节作用和限流电阻的补偿作用,使得输出电压稳定。限流电阻是必不可少的组成部分,必须合理选择阻值,才能保证稳压管既能工作在稳压状态,又不至于因功耗过大而损坏。

5. 在串联型线性稳压电源中,调整管、基准电压电路、输出电压采样电路和比较放大电路是基本组成部分。电路引入深度电压负反馈,使输出电压稳定。基准电压的稳定性和反馈深度是影响输出电压稳定性的重要因素。

6. 集成稳压器和实用的分立元件稳压电路中,还常包含过流、过压、调整管安全区和芯片过热等保护电路。集成稳压器仅有输入端、输出端和公共端(或调整端)三个引出端(故称三端稳压器),使用方便,稳压性能好。

习题七

一、选择题

1. 整流的目的是_____。

   A. 将交流变为直流   B. 将高频变为低频   C. 将正弦波变为方波

2. 在单相桥式整流电路中,若有一只整流管接反,则_____。

   A. 输出电压约为 $2U_D$

   B. 变为半波直流

   C. 整流管将因电流过大而烧坏

3. 直流稳压电源中滤波电路的目的是_____。

   A. 将交流变为直流

   B. 将高频变为低频

   C. 将交、直流混合量中的交流成分滤掉

4. 滤波电路应选用_____。

   A. 高通滤波电路   B. 低通滤波电路   C. 带通滤波电路

5. 若要组成输出电压可调、最大输出电流为 3A 的直流稳压电源,则应采用_____。

A. 电容滤波稳压管稳压电路

B. 电感滤波稳压管稳压电路

C. 电容滤波串联型稳压电路

D. 电感滤波串联型稳压电路

6. 串联型稳压电路中的放大环节所放大的对象是_____。

A. 基准电压　　　　　　　　　　　B. 采样电压

C. 基准电压与采样电压之差

7. 开关型直流电源比线性直流电源效率高的原因是_____。

A. 调整管工作在开关状态　　　　　B. 输出端有 LC 滤波电路

C. 可以不用电源变压器

8. 在脉宽调制式串联型开关稳压电路中,为使输出电压增大,对调整管基极控制信号的要求是_____。

A. 周期不变,占空比增大　　　　　B. 频率增大,占空比不变

C. 在一个周期内,高电平时间不变,周期增大

二、是非题

1. 整流电路可将正弦电压变为脉动的直流电压。(　　)

2. 电容滤波电路适用于小负载电流,而电感滤波电路适用于大负载电流。(　　)

3. 在单相桥式整流电容滤波电路中,若有一只整流管断开,输出电压平均值变为原来的1/2。(　　)

4. 对于理想的稳压电路,$\Delta U_O / \Delta U_I = 0$,$R_o = 0$。(　　)

5. 线性直流电源中的调整管工作在放大状态,开关型直流电源中的调整管工作在开关状态。(　　)

6. 因为串联型稳压电路中引入了深度负反馈,因此也可能产生自激振荡。(　　)

7. 在稳压管稳压电路中,稳压管的最大稳定电流必须大于最大负载电流(　　);而且,其最大稳定电流与最小稳定电流之差应大于负载电流的变化范围。(　　)

三、作图分析与应用题

1. 电路如图 7-1 所示。合理连线,构成5V 的直流电源。

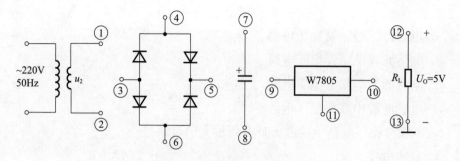

图 7 - 1

2. 电路如图 7 - 2 所示,变压器副边电压有效值为 $2U_2$。

(1) 画出 u_2、u_{D1} 和 u_O 的波形;

(2) 求出输出电压平均值 $U_{O(AV)}$ 和输出电流平均值 $I_{L(AV)}$ 的表达式;

(3) 求出二极管的平均电流 $I_{D(AV)}$ 和所承受的最大反向电压 U_{Rmax} 的表达式。

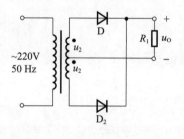

图 7 - 2